世界高端文化珍藏图鉴大系

赤琼血玉

南红玛瑙

SOUTHERN RED AGATE

收藏与鉴赏

贾振明 / 编著

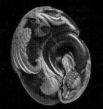

新世界出版社

图书在版编目（CIP）数据

赤琼血玉：南红玛瑙收藏与鉴赏 / 贾振明编著 . --
北京：新世界出版社，2015.3
（世界高端文化珍藏图鉴大系）
ISBN 978-7-5104-5318-2

Ⅰ . ①赤… Ⅱ . ①贾… Ⅲ . ①玛瑙—收藏—中国②玛
瑙—鉴赏—中国 Ⅳ . ① G894 ② TS933.21

中国版本图书馆 CIP 数据核字 (2015) 第 070196 号

赤琼血玉：南红玛瑙收藏与鉴赏

作　　者：贾振明
责任编辑：张杰楠
责任印制：李一鸣　王丙杰
出版发行：新世界出版社
社　　址：北京西城区百万庄大街 24 号（100037）
发 行 部：（010）6899 5968　　（010）6899 8705（传真）
总 编 室：（010）6899 5424　　（010）6832 6679（传真）
http：//www.nwp.cn
http：//www.newworld-press.com
版 权 部：+8610 6899 6306
版权部电子信箱：frank@nwp.com.cn
印　　刷：北京市松源印刷有限公司
经　　销：新华书店
开　　本：787×1092　1/16
字　　数：200 千字
印　　张：15
版　　次：2015 年 4 月第 1 版　2015 年 4 月第 1 次印刷
书　　号：ISBN 978-7-5104-5318-2
定　　价：128.00 元

前言
Foreword

南红玛瑙，古称"赤玉"，质地细腻油润，是我国独有的宝石品种，产量稀少，在清朝乾隆年间就已开采殆尽，所以目前老南红玛瑙价格急剧上升。古人用南红玛瑙入药，养心养血；信仰佛教者认为它有特殊功效。今天的南红玛瑙，已经与和田玉、翡翠形成三足鼎立之势。

南红玛瑙的应用历史悠久，在出土的战国贵族墓葬中已经有南红玛瑙的串饰了，如云南博物馆馆藏有古滇国时期的出土南红饰品，北京故宫博物院馆藏的清代南红玛瑙凤首杯更是精美，都是研究南红玛瑙制品的实物资料，具有非常重要的历史价值、艺术价值，被定为国家一级文物。从这些馆藏作品中不难看出，作为稀少珍贵的宝玉石材料，历代南红玛瑙精品都被统治者所珍视，尤其至清代达到顶峰。

南红玛瑙是玛瑙家族中的一个分支，是我国特有的品种，为了让广大读者朋友们可以深入了解南红玛瑙，做到知其然而知其所以然，因此，我们先详细介绍了玛瑙这个大家族的形成、产地、传说、特点与种类等基础知识。然后，介绍了南红玛瑙的种类、产地、成品的购买与鉴定以及收藏与保养等知识，并配有众多精美的实物图片，引领广大读者进入一个多姿多彩的南红玛瑙世界，希望能给广大读者带来一定的帮助。

由于时间仓促，加之编者水平有限，书中难免有疏漏之处，敬请广大读者批评指正。

赤琼血玉 南红玛瑙收藏与鉴赏

目 录

◆ 我国特有的玛瑙——南红玛瑙

Contents

天然瑰宝

玛瑙

玛瑙的形成

　　玛瑙的形成距今很遥远，在亿万年前，岩浆由于地壳剧烈运动而流动上升，在上升过程中会遇到地下水，炽热岩浆和地下水构成气液混合物，在岩流中就会逐渐形成大小不一、形状不同的气泡，气泡慢慢形成空洞。后来岩浆继续上升，此时受地球的压力减小，岩流里的气泡变大并且移动，在达到一定的高度时岩浆不再流动，气泡也会固定下来，气泡的外形也就不再变化，后来随着温度的下降，最外层的二氧化硅逐渐变成了不透明、不透气、非常致密的阴晶石，这就是玛瑙的薄壳，有气体、液体和二氧化硅胶体存在于壳内，后来温度再次下降，二氧化硅胶体形成玉髓，存在于壳的内壁上。这时，壳内的混合物中含有碳微粒的，就会形成玛瑙的黑色条带；含有氧化锰的，就会形成褐色条带；含有钙和镁的，就会形成浅白或浅灰色条带。根据温度不同，这些含有色素离子的矿物，先后开始结晶，层次不同、颜色各异的纹饰由此形成，可以说玛瑙就是带有晶腺构造的二氧化硅集合体。

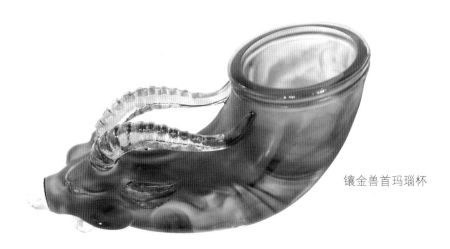

镶金兽首玛瑙杯

南红"福在眼前"挂件

产地：云南保山

重量：24g

市场参考价：2600~4000 元

南红"福如意"挂件

产地：云南保山

重量：19.8g

市场参考价：2200~3800 元

赤琼

血玉

南红玛瑙收藏与鉴赏

南红 "连年有余" 挂件

产地：云南保山

重量：21.66g

市场参考价：2160~3980 元

　　水胆玛瑙的另一种成因是火山爆发时先形成玛瑙的空洞，由于外壳封闭不严或有沙眼及小油孔，地下水向内渗入，后期外壳又被钙质或泥质物包裹，甚至有的胶结得十分坚硬，里面的水很难泄漏出来，也就形成了水胆玛瑙。大部分水胆玛瑙属于这种类型，其特点是胆内水量多，分布较为广泛。

　　水胆玛瑙的第三种成因是，玛瑙形成之后，由于受地层的压力或地壳变动及地质构造作用的影响，玛瑙球体出现了裂隙，地下水就沿着裂隙渗入了玛瑙内部，后来裂隙又被泥沙和黏土封闭，经过岁月流逝，泥沙和黏土沉积为岩，里面的水很难漏出，就形成了水胆玛瑙。

玛瑙的文化

　　玛瑙文化源远流长，人类很早就发现并利用玛瑙了。在古代，皇家一直很喜欢玛瑙饰品与器物。据史书记载，唐朝时，"倭国献玛瑙，大如五斗器"。可见当时不仅是中国，在国外玛瑙器物同样是难得的奢侈品。中国元代朝廷还专门设置了玛瑙玉局，明清两代更是保留了大量玛瑙珍品。

　　诗词是中华民族文化的瑰宝，而不少诗词又与玛瑙有千丝万缕的联系。如唐代诗人孟浩然的"绮席卷龙须，香杯浮玛瑙"，杜甫的"春酒杯浓琥珀薄，冰浆碗碧玛瑙寒"。由此可见，文人墨客们以诗会友，吟诵饮酒，也经常用玲珑美丽的玛瑙器具增添情趣，以此来豪饮尽欢。

○ 老南红玛瑙珠

赤琼
血玉

南红玛瑙收藏与鉴赏

南红 "莲鱼" 吊坠

产地：云南保山
重量：23.73g
市场参考价：2380~4200 元

　　喻物是诗歌的一种创作手法，在古诗中也不乏一些诗人用玛瑙来喻物。如梁朝的皇帝萧纲曾作《西斋行马诗》，"云开玛瑙叶，水净琉璃波"，这句诗是用玛瑙来形容云；又有宋代诗人赵师侠所作《壬子秋社莆中赋桃花》，"浅淡胭脂经雨洗，剪裁玛瑙如云薄"，此句诗是用玛瑙来喻花；宋代邓肃写的词《浣溪沙》，"玛瑙一泓浮翠玉，瓠犀终日凛天风"，又是用玛瑙来形容池水。可见诗人以玛瑙喻物的例子很多。

　　人们在长期实践中逐渐对玛瑙的艺术特色有了约定俗成的审美共识。古今中外的雕刻艺师们利用他们的智慧和心血制作出一件件玛瑙艺术珍品，使得千百年来，玛瑙一直散发着迷人的魅力，在众多宝石中绽放着光彩。

玛瑙的意蕴和功效

天然瑰宝——玛瑙

　　（1）在西方魔法里，人们把自己的愿望写在一张纸上，折叠包妥，静心冥想过后，再放入玛瑙聚宝盆内，至少要放一天一夜，让能量在其中激荡强化，取出后，将之用火烧掉，借助火的力量，将自己的愿望传入自然界，以求心想事成。

　　（2）将适量的玛瑙放在枕头下，有利于安稳睡眠，并带来夜夜好梦。

　　（3）玛瑙可以为一些水晶饰品消磁，如戒指、耳环、手链、坠子等，但请用纸或布包住，以免被刮伤。

南红玛瑙扁珠手串

（4）读书的小孩多接触带水玛瑙，可以感染水的特性，使之聪明、灵活、乖巧，学习力强，适应力佳。

（5）玛瑙自古以来一直被当作辟邪物、护身符使用，象征友善的爱心和希望，有助于消除压力、疲劳、浊气等负能量。

（6）戴着带水玛瑙，可以强化亲和力，灵活应对各种突发情况，左右逢源，有助于推广业务，提高业绩，旺盛财源。

（7）夏天佩戴玛瑙不仅使佩戴者时尚、漂亮，而且具有降温、防止中暑等作用。

（8）夫妻佩戴或在房中摆放龙泽玛瑙有助于鱼水之欢，增进闺房之乐，可以让夫妻的情感得到升华。

另外，对于女性，长期佩戴玛瑙可以使心情开朗、皮肤润滑，还能让嘴唇变得更加红润，眼珠明亮有神。

南红玛瑙雕玉兰花鼻烟壶

南红玛瑙雕件

不同种类的玛瑙对人体的功效也是不同的，下面我们就来分别看看各种玛瑙对人的不同作用。

（1）龙泽玛瑙与其他玛瑙不同，据说可以防止风寒、感冒及冻伤，并且要找到一块稍大一点的龙泽玛瑙并不是一件容易的事情，其价格自然不菲。据说身上经常发热、出手汗者，可以长期接触龙泽玛瑙来改善症状。

（2）红玛瑙可以消除精神紧张及压力，维持身体及心灵和谐，同时可以激发勇气、使人果敢、增强信心，适合体弱多病或刚痊愈的人佩戴。

天然瑰宝——玛瑙

南红玛瑙仿古虎纹吊坠

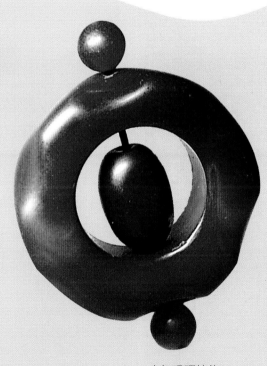

南红玛瑙挂件

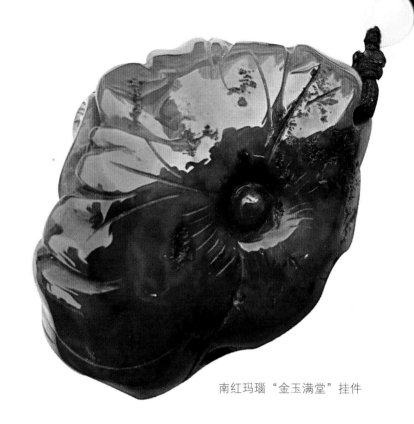

南红玛瑙 "金玉满堂" 挂件

（3）黑玛瑙可使人客观超然，远小人近贵人，不至于在复杂的环境中迷失方向。增加人的自信心，避免恐惧不安，可防止咒语、巫术等负面能量侵犯。可消除浊气、霉气、病气，带给人健康。黄金或者白金镶黑玛瑙饰品，粗犷中体味细腻，品位中展现个性，纯正的白金材质同黑玛瑙的颜色对比，将贵金属的质感表露无遗，全力引发有关珠宝的魅力狂想。黑玛瑙象征坚毅，传说运用黑玛瑙的能量，可消除气场上的杂质，继而有效启发其自身的魅力，佩戴黑玛瑙的人未必拥有过人的智慧与美貌，未必拥有天然的好人缘与亲和力，但其性格中与生俱来的 "棱角" 却是一种足以致命的诱惑。黑色具有庄重、高贵、经典、稳定、时尚、魅力、神秘特质，代表的是含蓄、内敛与低调的品性。黑色也是一种强烈的声音，凝聚着强大的力量，让任何人都无法抗拒。黑玛瑙具有强大的投射能量，其黑色的作用除了可以吸附负能量外，也可因为其光滑的界面而将负能量反射回去。

（4）南红玛瑙可促进人体正负能量平衡，促使人放松身心，维持身体及心灵和谐，使人更加友爱和忠诚，同时还能激发勇气，使人信心百倍，迎来财运，驱邪避祸。另外，南红玛瑙被佛教认为有着特殊的功效，所以一直是广大佛教信徒心中的宝贝。佛教信徒相信南红玛瑙可以让人们与神灵沟通，拥有它能够辟邪挡煞、平安吉祥。南红玛瑙象征活力、财富、尊贵，让人灵感增多，还能给人们以力量。据说南红玛瑙还可改善气血，使人脸色红润。

南红玛瑙"弥勒佛"挂件

南红玛瑙"荷花"挂件

 # 玛瑙的传说

玛瑙形成于远古时期，古今中外，有很多关于玛瑙的美丽传说。

● 永恒之爱

　　相传在古代一个兵荒马乱的时代，民不聊生，到处都在征兵打仗。当时有一个年轻力壮的小伙子也被带到了战场，从此开始了他厌恶却又无法使之停止的战争生活。

　　但是，不管在什么年代，少年的梦总是那么纯真，那么美好。那是发生在很多年以前的事情，她还只是一个寄养在别人家中的女子，每天都被当作奴隶使唤，生活得非常痛苦。对她来说，生活根本就毫无乐趣可言，她觉得自己没有存在的意义和价值。唯独母亲的遗物——一块玛瑙石给了她活下去的勇气。

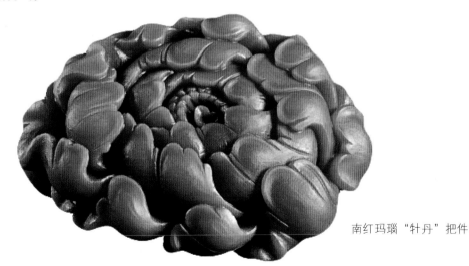

南红玛瑙"牡丹"把件

赤琼
血玉

南
红
玛
瑙
收
藏
与
鉴
赏

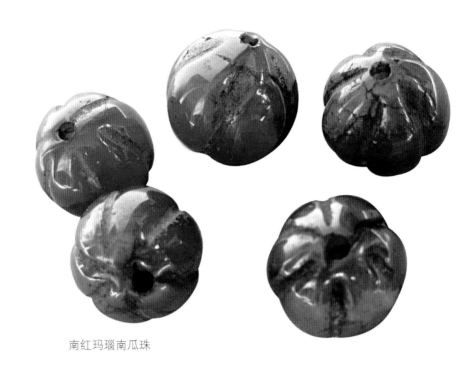

南红玛瑙南瓜珠

　　那是一块很平凡又很普通的玛瑙石，突然有一天，玛瑙石竟然发出了耀眼的光芒，那光芒刺痛了女孩的眼睛，眼睛被刺痛的那一瞬间，她竟然奇迹般地看到了自己的前世。那是一个穿着漂亮的衣服、正在翩翩起舞的美丽女子……再后来，玛瑙石不见了，无论她怎么找也找不到。她突然间感到了一种前所未有的害怕、孤单与痛苦，玛瑙石对她来说意义非凡，就好比是赖以生存的宝物一样，她哭了，哭得很伤心。那些眼泪化成了一颗颗玛瑙珠。女孩下定决心要离开这里，去寻找玛瑙石。

　　就在那一天，少年在军营里看见远处的一束光不断向自己移动，到他面前时已变成了一块玛瑙石，他接住的那一刹那，也看见了自己的前世，那是一个身穿铠甲、意气风发、威风凛凛的大将军。他的潜意识里觉得一定会发生些什么事情，而要发生的那些事情也一定跟这块玛瑙石有关。因此，他将玛瑙石小心地收了起来。

南红玛瑙如意花卉洗

南红玛瑙盘螭印

　　女孩每天都会掉下一滴眼泪，而每一滴眼泪都会化作玛瑙珠，等到了第二十天的时候，已经有二十颗珠子了。也就是在这个时候，女孩见到了那个少年，她觉得那个少年的瞳孔就像两颗绽放无尽光彩的宝石。那个少年也觉得，女孩的瞳仁像极了那块玛瑙石……就在他们四目相对的那一瞬间，他们认定了彼此是自己的爱人。女孩流下了第二十一滴泪，当泪水变成玛瑙珠的时候，再次发出强烈的光芒，二十一颗玛瑙珠和玛瑙石串联在一起，时光倒转，他们回到了前世……

女孩在花园里赏花，那个少年就在不远处练剑，这一切都是美好和谐的。但是女孩的手指不小心被花刺划破了，因为伤口很小，所以也没有太在意。然而就是这个很小的伤口却要了她的性命。那花是彼岸花，从她伤口中流出的血化成了颗颗玛瑙珠。那个少年悲痛欲绝，在女孩的尸体前自刎。那个少年的血化成了玛瑙石，与玛瑙珠紧紧串联在一起。

　　因为心中的那份爱，他们在今生相逢；为了再续前世的情缘，他们在隔世相遇。在这个世界上，永恒的不只有钻石，还有玛瑙，还有心中那份不灭的爱情。

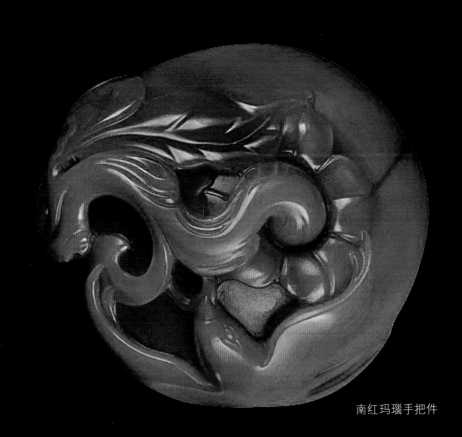

南红玛瑙手把件

● 降妖除魔

很久以前有一片河岸，上面有许多玛瑙石，岸边有一座达斡尔族的城寨，名字叫托尔加。城寨的首领叫多音恰布，他最自豪的就是自己有个很能干的儿子，他的儿子十岁了，上天赐予了这个孩子一双神奇的大眼睛。他生下来就认识各种飞禽走兽，江水最深处的东西也能看得一清二楚。托尔加城寨的人们依靠他那双神奇的眼睛，可以打到很多的野兽，捕鱼也方便极了。因此，阿爸给他起名叫阿莫力，意思是神赐给他的眼睛。

南红玛瑙手串

南红玛瑙"寿星"雕件

　　有一年秋天，多音恰布被邻近部落的首领邀请率全寨族人前去赴宴。为了让大家放心，阿爸让阿莫力留下来守护城寨。阿莫力答应了。阿爸还提醒阿莫力，大雁飞回南方的时候，就该向朝廷进献玛瑙石了，一定要记得去寻找玛瑙石。

　　多音恰布率族人出发后，阿莫力就开心地跑到沙滩上去寻找最璀璨的玛瑙石了。阿莫力正耐心地寻找着，突然一道金光在他明亮的大眼睛前闪了一下，他立即奔向金光。金光在水底，阿莫力一下子跳进了水中。过了一会儿，阿莫力找到了一颗如金子般璀璨的圆圆的玛瑙石。

　　阿莫力捧着金色的玛瑙欢呼雀跃，很快夕阳西沉了，他也累了，就躺在草地上，很快进入了甜甜的梦乡。他把放射着迷人的金光的玛瑙放在了胸脯上。

突然，天空布满乌云。随即，几艘大帆船从山岬背后悄悄开了出来，帆篷肮脏破败极了。

这时，阿莫力醒了，他吓了一跳，他的周围站了好几个陌生人。他们黄头发，蓝眼睛，高鼻子，留着乱蓬蓬的胡子，胸脯上都挂着一个十字牌，每个人手上都握着家伙……

他们长得凶神恶煞，但是阿莫力还是遵从家族的规矩，上前热情地问："尊贵的客人，你们是从哪儿来的呀？"

在这群人中，出来了一个"大胡子"，他深深地鞠了一躬说道："我们是世界各邦之主、伟大沙皇陛下的忠实臣民。"

"那你们来这里干什么呢？"

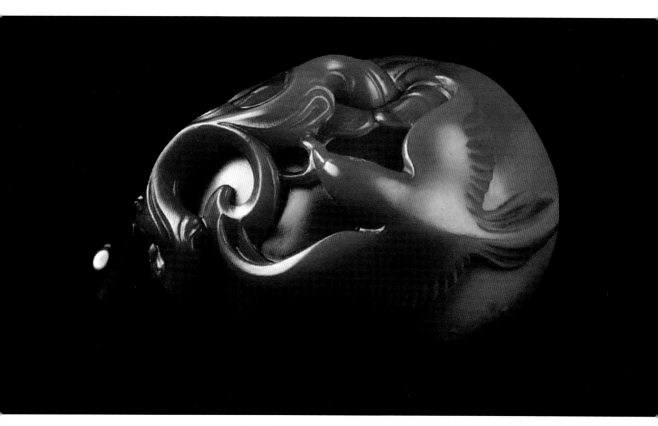

南红玛瑙"喜事连连"把件

"我们是来保护你们的。"

"保护？哈……"阿莫力笑了。然后，他说："谢谢你们沙皇的好意。但是，我们达斡尔人完全有能力保护自己！"

"英俊的小王子，我告诉你，只要你们向沙皇交了实物税，沙皇的恩典就会如影随形……"

"实物税是什么呢？"

"大胡子"贪婪地盯着阿莫力手里的金玛瑙说："比如，你手里那块金光闪闪的宝石就行……"

"这个金玛瑙，我们是要献给皇上的。"阿莫力诚实地说。

"噢，既然如此，那就用我们自己的宝物和你交换吧。"说着，他让手下打开了舱门。

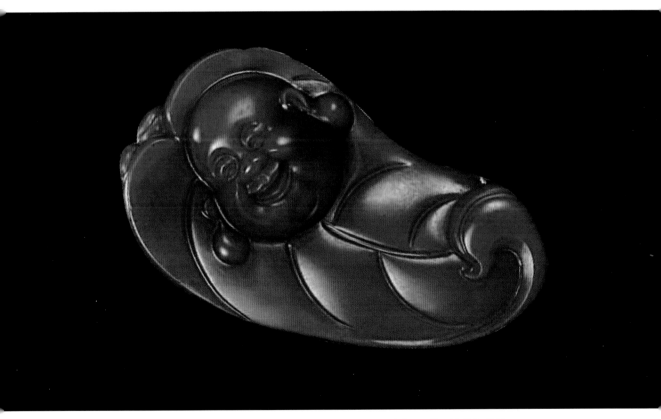

南红玛瑙"笑佛"吊坠

赤琼血玉

南红玛瑙收藏与鉴赏

阿莫力用他神奇的眼睛一扫，就看出那根本不是什么宝物，明明是些碎石块。于是阿莫力就摇了摇头表示不同意。

"大胡子"的眼睛完全被金玛瑙吸引了，他讨好地说："小土子，我能摸摸你的金玛瑙吗？"

阿莫力听他这样讲，心里有些戒备，可是他又一想，就只是摸摸而已，又不是拿走，于是他把玛瑙递给了"大胡子"。

"大胡子"激动地用双手接过了金色的玛瑙，随即就把它揣到了怀里。

阿莫力见状生气地说："你怎么把玛瑙揣起来了，赶紧还给我。"

"大胡子"无赖地仰天大笑："还你？东西在我手里，就是我的！"

阿莫力气极了，他奋力撞向"大胡子"。"大胡子"没防备就被撞了个大跟斗，金色的玛瑙从他身上掉了出来，阿莫力迅速拾起来，就赶忙向烽火台跑去。强盗们立即在后边追赶。

阿莫力奔到烽火台就迅速地解下弓，向远处射了一支响箭。射完后，烽火台就被强盗们围住了……

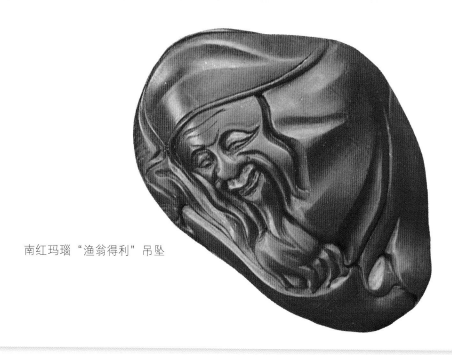

南红玛瑙"渔翁得利"吊坠

南红手串

直径：1.4cm
重量：52.36g
市场参考价：6900~8000 元

　　再说在临近部落的酒宴上，所有人都在非常开心地饮酒、说笑。突然，一支响箭落在了多音恰布面前铺的一张大兽皮上。

　　听到声响后，在草地上欢宴的人们都停住了。大家想，城寨里肯定出意外了。

　　于是，多音恰布率领族人快马加鞭地赶回了城寨。

　　眼前的一幕让大家都震惊了，烽火台上燃着烈火，冒着浓烟，到处都是被强盗抢夺破坏后的破败景象。勇敢的族人们愤怒地上前与强盗展开了搏斗，最终强盗们死的死，逃的逃。

　　人们到处寻找阿莫力，直到天黑也还是不见阿莫力的踪影。可全寨人都没有放弃，他们继续寻找。突然，一道红光从坍塌的烽火台上射出，红光越来越亮，把整个城寨和天空都映红了。人们赶忙奔向烽火台，发现了一颗沾满血迹的玛瑙。

　　多音恰布捧起沾血的玛瑙，含着眼泪说："这上面的血要是我儿子的，就一定能和我的血液溶在一起。"说着，他咬破了手指，把鲜血滴在玛瑙上，鲜血很快扩散，与原来的血溶在了一起。

赤琼
血玉

南红玛瑙收藏与鉴赏

南红"如意观音"挂件

产地：云南保山
规格：3cm×1.1cm×5.5cm
市场参考价：15800 元

　　捧着玛瑙，多音恰布满腔仇恨地说："我儿子的灵魂要是在这上面，就一定能指引我找到害死我儿子的魔鬼在哪里。"话音刚落，玛瑙里就映出了一棵树，树上躲着一个小小的魔影。

　　多音恰布立刻率族人奔向那棵大树，有人向着浓密的枝叶射了一箭，树上掉下来了一个满脸污血的人，这人正是那个"大胡子"。

　　"大胡子"无辜地说："我遇见了野兽，没有办法，我只好上了树……"

　　多音恰布根本不信他的花言巧语，立即拔剑将他杀了。

　　多音恰布伤心欲绝地捧着用鲜血染红的玛瑙。突然，他发现玛瑙石里又映出了几只载着魔影的小船。他猜想这些船肯定是来接应树上的"大胡子"的。

　　后来，在被阿莫力鲜血染红的玛瑙石的帮助下，达斡尔人终于打败了那些恶魔。

　　红玛瑙从此得名，它的珍贵之处在于能够降妖除魔。

● 帝王朝珠

　　传说在乾隆三十四年（1769）的春天，当时有个叫宝柱营子的地方，就是现在辽宁阜新蒙古族自治县七家子乡宝珠营子村。村里有一个叫王福宝的石农，有一天他在山坡上挖到了一块比西瓜还大的椭圆形玛瑙石。老人的采料经验非常丰富，他觉得这块被油光发亮的黄色璞包裹着的玛瑙原料肯定不同寻常。他就到附近一家作坊用手工砣锯一切，发现里面像熟透了的樱桃般水灵的玉质清晰可见。王福宝把这块玛瑙料献给了土默特左旗王府的王爷，还获得了重赏。王爷如获至宝，爱不释手，还把瑞应寺的活佛请来，商议怎样雕琢这块石头。活佛可不是一个普通的人，他每两年可应邀被皇帝召见一次，见多识广。活佛建议雕成佛光玛瑙朝珠，雕成朝珠后，由他晋献皇上，不仅是他的荣耀，也是王爷的荣耀，还是全旗人的福分。经活佛推荐，梅力板村的玉雕能手李玉成承揽了这件差事。半年之后，朝珠雕琢而成。乾隆三十五年（1770），也就是发现这块料的第二年八月，乾隆皇帝在避暑山庄举办六十大寿庆典，瑞应寺活佛就把这个佛光玛瑙朝珠献上去了。

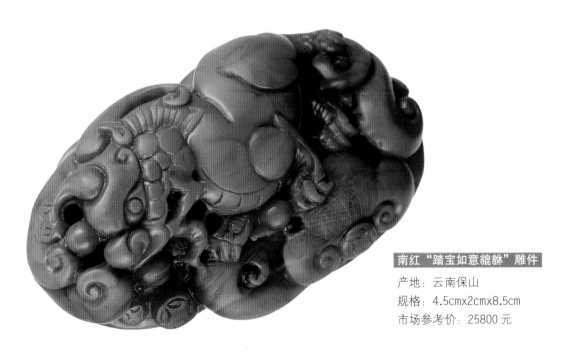

南红"踏宝如意貔貅"雕件

产地：云南保山

规格：4.5cm×2cm×8.5cm

市场参考价：25800 元

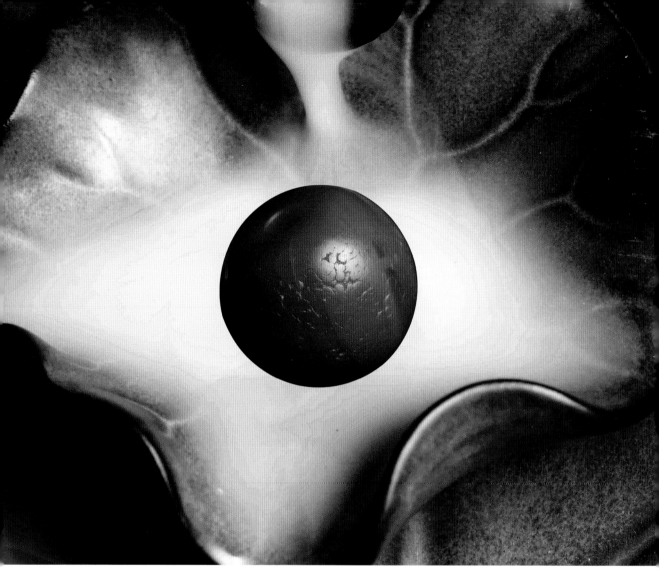

保山南红玛瑙珠子

乾隆皇帝当时看了朝珠之后，非常高兴，当场就把自己的朝珠摘下来，换上了这个玛瑙朝珠，还问这个宝贝是从什么地方来的。活佛就说是来自自己的家乡宝柱营子。乾隆说："活佛家乡乃我大清有名的玛瑙之乡，今又出此宝珠，以后就别再叫宝柱营子了，就叫宝珠营子吧。"乾隆一高兴，还御笔亲书"宝珠营子"四个大字，同时重赏了活佛、王爷及李玉成多件乾隆款官窑瓷器以及其他赏赐品。嘉庆四年（1799），乾隆帝驾崩，这个朝珠便随葬了。但是后来，1928年，孙殿英盗挖裕陵，那珠子于是又有了新的传说，最后下落不明了。据说，乾隆三十五年（1770）中秋，乾隆御书"宝珠营子"题字及题诗墨宝被宝珠营子人迎回家乡，当时还在瑞应寺举行了隆重的迎墨宝大典。

南红"闲趣"吊坠

产地：四川

重量：25.97g

市场参考价：1209~15000 元

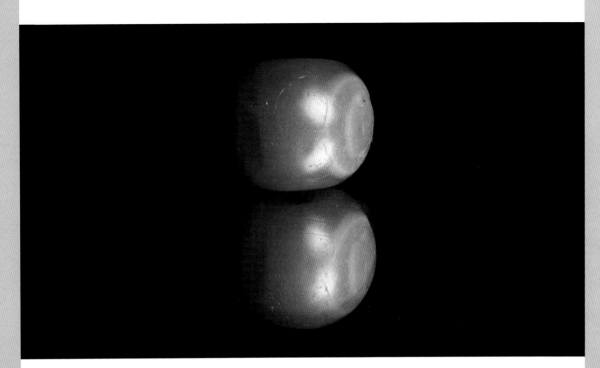

藏传老保山南红带眼珠子

市场参考价：20000 元

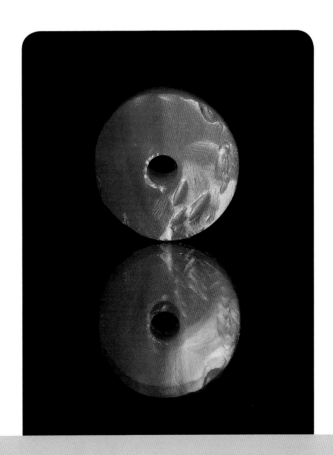

藏传老保山南红隔片

市场参考价：5300 元

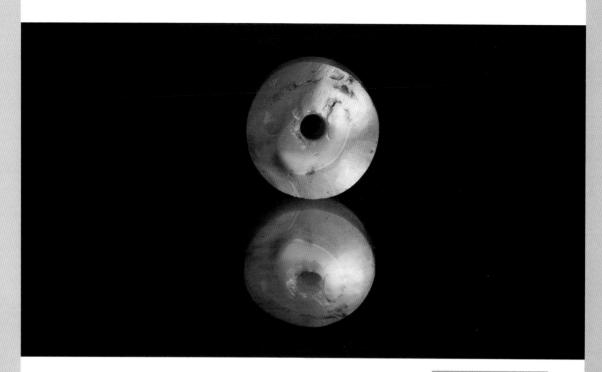

藏传老保山南红隔片

市场参考价：5500 元

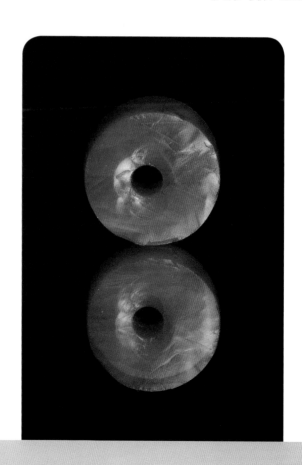

藏传老保山南红隔片

市场参考价：6000 元

藏传老保山南红隔珠

市场参考价：7000 元

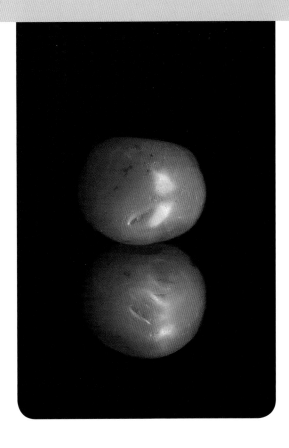

藏传老保山南红隔珠

市场参考价：7500 元

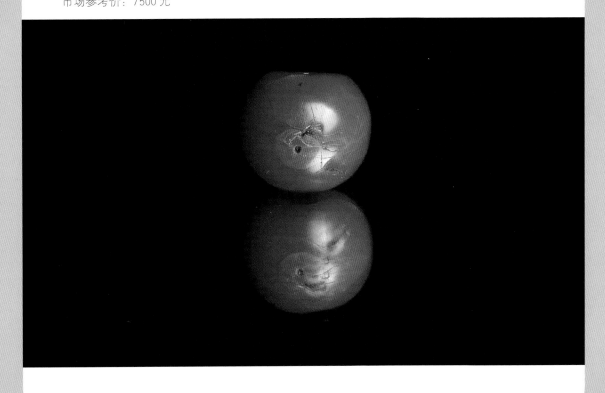

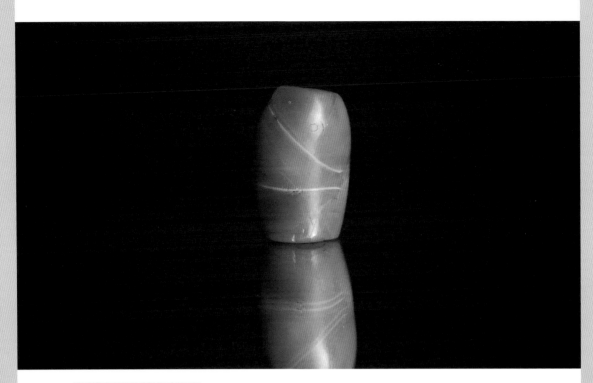

藏传老保山南红勒子

市场参考价：16000 元

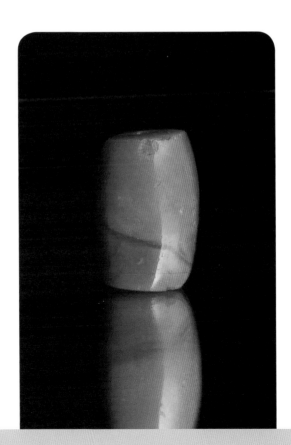

藏传老保山南红勒子

市场参考价：17000 元

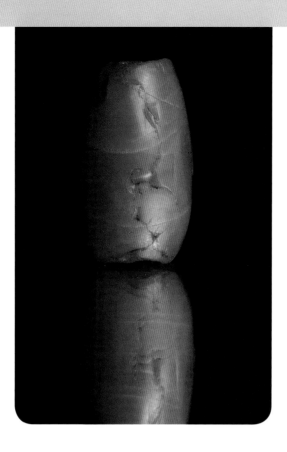

藏传老保山南红勒子

市场参考价：18000 元

藏传老保山南红天然奇形珠子

市场参考价：12000 元

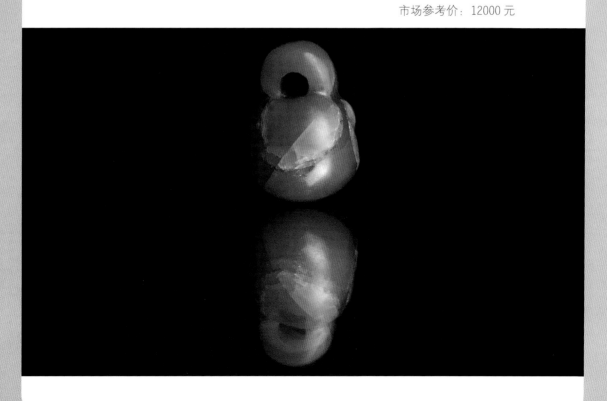

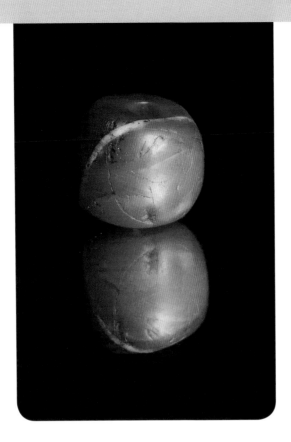

藏传老保山南红珠子

市场参考价：5000 元

藏传老保山南红小桶珠

市场参考价：8000 元

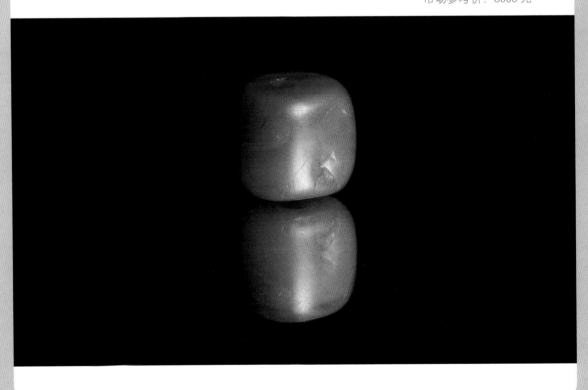

藏传老保山南红珠子

市场参考价：7000 元

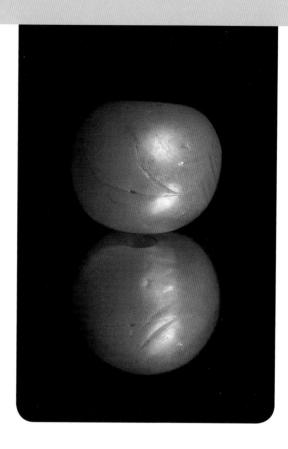

藏传清代老南红挂环

市场参考价：3000 元

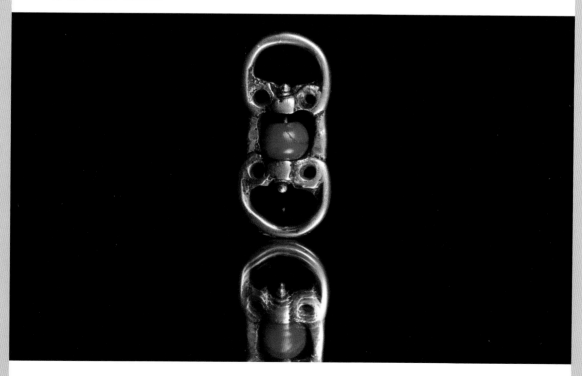

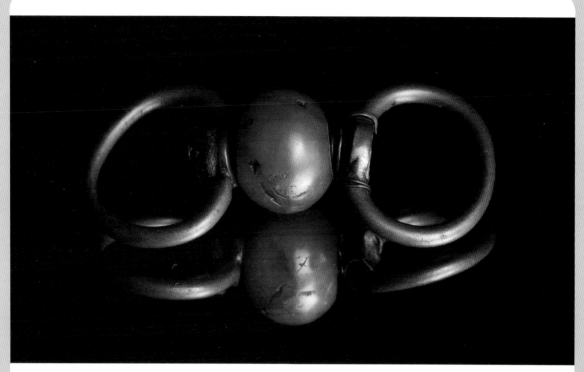

藏传清中期老南红挂环

市场参考价：3000 元

老南红手链

市场参考价：110000 元

赤琼血玉

南红玛瑙收藏与鉴赏

玛瑙的产地

　　印度、巴西、美国、埃及、澳大利亚、墨西哥等国是世界上著名的玛瑙产地。墨西哥、美国和纳米比亚出产有特色的"花边玛瑙"。美国黄石公园、怀俄明州及蒙大拿州还产有"风景玛瑙"。

　　我国也广泛出产玛瑙，几乎各省都有分布，云南、黑龙江、辽宁、河北、新疆、宁夏、内蒙古等地都是玛瑙的著名产地。

南红佛头

市场参考价：4000~6000 元

南红塔链

重量：41.5g
市场参考价：6180~8000 元

南红"连年吉祥"挂件

产地：云南保山

重量：44.55g

市场参考价：10800~13800 元

● 印度

　　印度玛瑙很有其独特的风格。玛瑙色彩斑斓，形状各异，把它们拼凑在一起，乍一看好像没什么章法，仔细欣赏则另有一番风味。颜色的搭配、纹路的接合也很有特色，独一无二，娇艳的红、蓝、绿、灰等各种颜色相互交融，恰到好处，其独特的颜色和风格非常具有地方特色，似乎与印度的异国风情相互呼应。

● 巴西

　　巴西足球很有名，那么你是否也知道巴西玛瑙？在矿物学中巴西玛瑙属于玉髓类，是一种胶纤物质，颜色五彩缤纷，质地细腻润泽，洁净光亮，形状多样，它以耀眼夺目的花纹出现在众多的宝石中，享尽了人们对它的喜爱。

108 颗南红珠手串

市场参考价：20000 元

赤琼
血玉

南红玛瑙收藏与鉴赏

南红 "吉祥和美" 挂件

产地：云南保山

重量：18.6g

市场参考价：5500~7000 元

　　巴西玛瑙在世界上是很有名的，巴西的天然玛瑙产量很大，喜爱玛瑙的人几乎都知道巴西玛瑙。同时，巴西玛瑙的璀璨夺目也吸引了许多才华横溢的雕琢艺师们，他们发挥想象、巧妙构思，也正是他们用大量的精力精雕细琢，世间才出现了一件件闪烁着迷人光芒的精美艺术品。其题材丰富多样，有历史故事，有人物，有大自然的景色，文化厚重广博，有着丰富的文化和历史积淀。

保山南红玛瑙

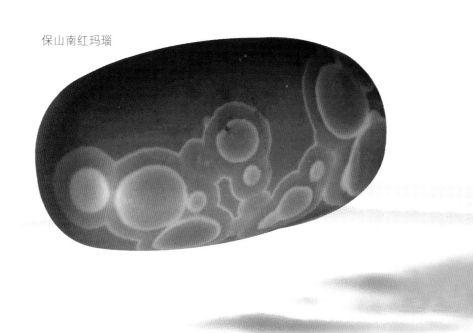

保山南红戒指

南红玛瑙佛珠

市场参考价：12000 元

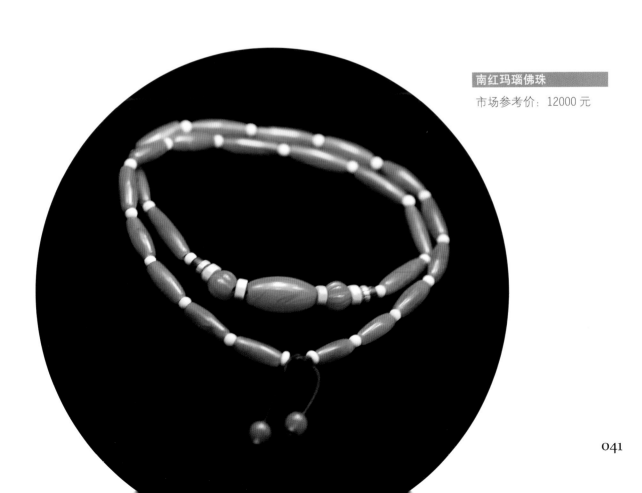

● 辽宁阜新

地大物博的中国也盛产玛瑙，玛瑙分布地域广泛，而全国最大的玛瑙加工基地和交易集散地则在辽宁省阜新市。那里玛瑙产量大，储量丰富，是当之无愧的"中国玛瑙之都"。闲逛在阜新的玛瑙一条街上，你会发现玛瑙商店比比皆是，到处都能看到晶莹可人的玛瑙工艺品，有手串、手镯、项链、耳环、器物、摆件等，令人目不暇接、爱不释手，其精细的雕工令人赞叹称奇。

南红玛瑙佛珠

市场参考价：10000 元

　　阜新玛瑙文化源远流长，在距今几千年的查海遗址中就出土了用玛瑙制作的工具，说明世界上最早发现和使用玛瑙的人群是查海人。阜新民间开采、加工玛瑙始于辽代，而且根据出土的辽代文物来看，当时阜新的玛瑙加工工艺已经很高超了。辽墓中出土的玛瑙酒杯、项链等，质地细密，造型独特，制作精致，令人不得不赞叹。到了清代，阜新玛瑙加工业就更加发达了，其产品还供给宫廷使用。

保山南红手串

现在，阜新已是中国唯一走向世界的玛瑙产地。从 2006 年至今，辽宁阜新市已经举办了多届玛瑙博览会，每一年都有许多国内外客商奔赴这场玛瑙的盛宴，欣赏晶莹剔透、美丽优雅的玛瑙雕件。他们既可以听宝石类专家们讲解、传授玛瑙文化，领略玛瑙文化的深厚内涵，还可以寻找心爱之物，满足而归。仿佛阜新市的灵魂和精髓就是玛瑙，经过岁月的洗礼，本地的玛瑙文化底蕴丰厚，玛瑙产业独具特色，玛瑙是阜新的地方特色，也是阜新对外的名片。

南红玫瑰红珠链

市场参考价：7900~8600 元

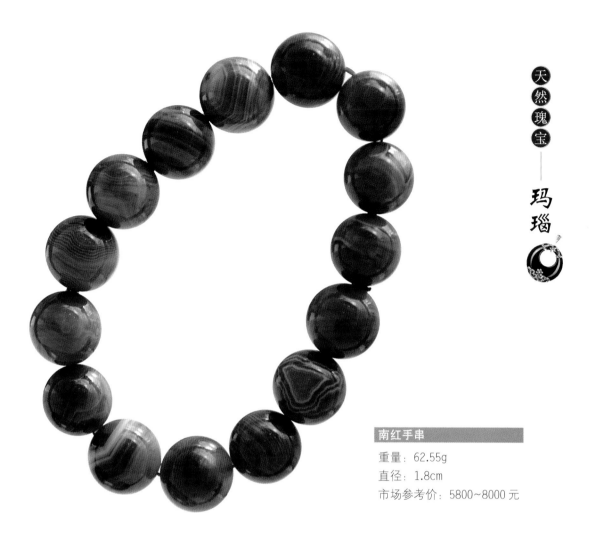

南红手串

重量：62.55g

直径：1.8cm

市场参考价：5800~8000 元

　　阜新玛瑙颜色多样瑰丽，纹理清晰，种类繁多，而且还产珍贵的水胆玛瑙。阜新人注重玛瑙资源开发，重点培育玛瑙产业，使得玛瑙产业成为阜新发展的重中之重，同时也是全省重要的文化产业。2004 年阜新发现了重 66 吨的玛瑙王，不过这是一块普通玛瑙原石。2012 年又出土了 38.7 吨重的水草玛瑙，这是世界上最大的水草玛瑙了。阜新盛产玛瑙，其玛瑙加工业自然也是名不虚传，2006 年，阜新玛瑙雕被国家列为"首批非物质文化遗产名录"，其地的作品更是蝉联全国宝玉石器界"天工奖"。阜新玛瑙的发展前景很美好，在其不断与外界开展交流与合作，沐浴在玛瑙的深厚文化下的同时，也为合作双方带来了利益。相信在大家的努力下，阜新玛瑙的明天定会更加辉煌。

● 新疆

我国新疆玛瑙的历史也是相当久远了，石器时代的玛瑙饰品就陈列在新疆博物馆，战国时的玛瑙耳环曾在乌鲁木齐出土过。新疆的玛瑙颜色丰富，质地坚硬且细腻有光泽，种类更是繁多，主要出产的有缠丝玛瑙、闪光玛瑙、红玛瑙、黄玛瑙、截子玛瑙、水胆玛瑙等。大量的玛瑙就产在东西准噶尔盆地边缘、天山北麓、昆仑山中和哈密地区的大戈壁中，有的地方就直接被叫作"玛瑙坡""玛瑙山"等。新疆的玛瑙产量是很多，但由于有一部分质量不佳，再加上开发技术不够先进，因此没有被充分利用。

应该有很多人听说过新疆的葡萄干玛瑙，这是一种非常独特的玛瑙。亿万年前，由于地质作用，岩浆剧烈运动，导致海底火山爆发形成玛瑙雨，玛瑙雨下落并迅速冷却形成颗粒。经过了亿万年的岁月，历经地质运动、环境剧变、海水冲刷、风沙磨砺等大自然的洗礼，形成了葡萄干玛瑙石。葡萄干玛瑙石有石质自然外露、色彩丰富绚丽、纹理清晰美观等特点。由于形成条件苛刻，产量较稀少。葡萄干玛瑙是半透明的，其中造型奇特，色泽鲜艳明快的是上品。葡萄干玛瑙主要产在南疆一带，它质地坚硬，莫氏硬度为6.5~7，石上通体布满了五彩缤纷、大小不一、自然生长的许多玛瑙珠粒，它们紧密堆积，就像一大串葡萄，故得此名。

南红"送福童子"雕件

南红"笑娃"手把件

● 西藏

　　我国西藏的玛瑙石主要产于喜马拉雅山脉。西藏玛瑙石亦有其自身独特的风格，其质地坚实致密，光洁透亮，有丰富的颜色，纹理清晰，多是天然图案。

新南红玛瑙佛珠

市场参考价：5000~8000 元

赤琼血玉

南红玛瑙收藏与鉴赏

西藏山南地区出产天然的水草玛瑙，其色泽鲜艳，水草清晰别致，里面的形似水草的絮状物其实是天然矿物质成分。

藏传老南红玛瑙藏银挂环

市场参考价：3000 元

此外，西藏还生产一种属于九眼石页岩的天珠原石，其俗称玛瑙石，是沉积岩的一种，为薄页片状岩石，硬度 7~8.5，含有玉及玛瑙成分，在平均海拔 4000 米以上的喜马拉雅山域有出产。天珠产量稀少，价格非常昂贵。藏民认为天珠是天降石，甚至虔诚地认为天珠是天神佩戴过的饰品。藏族人对天珠相当膜拜，认为只有神圣的人才配佩戴天珠。天珠历史悠久、文化厚重，是珍贵的宝石，世代守护着雪域高原儿女。

天然瑰宝——玛瑙

藏传清中期老南红挂环

市场参考价：3500~5000 元

 # 玛瑙的特性

● 基本特征

玛瑙是二氧化硅的隐晶质玉石，显微镜下有细小的棉絮状体，外观质地非常细腻。

（1）透明度：以半透明为主，也有微透明的。

（2）硬度：6.5~7（摩氏硬度）。

（3）光泽：玻璃光泽，抛光面有强反应，无特殊光泽。

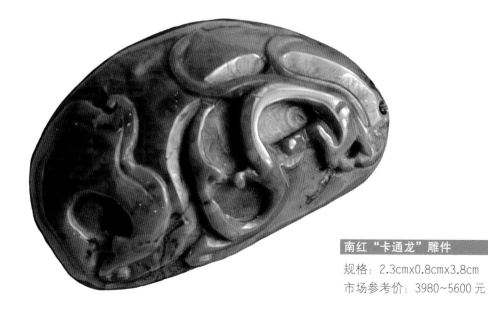

南红"卡通龙"雕件

规格：2.3cmx0.8cmx3.8cm

市场参考价：3980~5600元

南红手串

重量：61.76g

直径：2.0cm

市场参考价：6800~8000 元

（4）颜色：玛瑙的颜色表现最丰富，是很有特点的玉石。常见和应用的是红色，其他还有蓝、绿、黑、紫、灰、白等色，一块玛瑙中可出现多种颜色，以红白二色最多。有多种颜色的玛瑙，色别、色度、色调、色形差别大，可说是形态各异。

（5）裂纹：玛瑙的裂纹有的轻微，有的严重，呈破碎纹、包裹纹、断裂纹、炸裂纹、炸心纹等形式出现，有后三种裂纹的玛瑙一般不被利用。

（6）韧性：玛瑙性脆，容易打出断口，多呈半贝壳状、贝壳状。认真观察，断口有微弱变化，尤其是细腻的玛瑙，断口很接近贝壳状；质地略粗一些，断门微有丝片痕迹，而且有方向性，方向找到了，易打出断口。

（7）纹理：玛瑙的纹理变化很大，多数呈圆心状，也有冰凌纹状的。

（8）晶体：在玛瑙的外皮和心部常见石英晶体，有的开成孔洞，包裹有水。

南红手串

重量：64.33g

直径：1.6cm

市场参考价：8800 元

藏传清代保山南红玛瑙勒子

市场参考价：7000~8000 元

● 结构特点

　　玛瑙是火山期后大量碱性富含二氧化硅的热液上升到表面而成的矿物。在二氧化硅含水的情况下，有条件生成晶体时，二氧化硅呈晶体出现，常常在玛瑙的外层或内层形成晶体层，余下的水液跑不出去，被封闭在玛瑙的中心空洞部位，成为水胆玛瑙。

　　玛瑙的中心可出现空洞和晶体，也可不出现空洞和晶体。如果出现晶体和空洞，一定是玛瑙同心圆纹理的最内层。晶体向内心发育，呈晶面显著的晶簇状态，紫色、无色，透明或半透明。封闭在中间的水胆能通过晶体的透明显示出来。

保山南红佛塔

　　玛瑙生长时，外界条件的变化、热液的成分，使玛瑙的结构也发生变化，有层带的，有均质的，有隐现冰凌的，有实心的。这些变化表现了产地不同的特点，根据这些特点来分辨玛瑙的优劣是很重要的。

　　玛瑙虽然坚硬锋利，但内部仍有小的孔隙，这种孔隙造成能渗入液体的条件。各地玛瑙结构特点不同，孔隙大小不同，渗入液体有难有易。同一块玛瑙各层带间的孔隙也有不同，渗入液体也有差异。产生这种现象，是因为在玛瑙形成时，外界条件发生了变化。外界条件变化大，热液浓度高，二氧化硅急速冷却，形成粗质地玛瑙；外界条件变化慢，热液浓度低，二氧化硅慢速冷却，形成细腻的玛瑙。

玛瑙的种类

● 按颜色分类

1. 红玛瑙

红玛瑙中有东红玛瑙和西红玛瑙之分。前者又称"烧红玛瑙"，是指天然含铁的玛瑙经加热处理后形成的红玛瑙，有鲜红色和橙红色；后者是指天然的红色玛瑙，有暗红色和艳红色，由于它来自西方，因此得名。

南红手串

市场参考价：4100~5600 元

红玛瑙葫芦挂件

天然红玛瑙手串

"麒麟登塔"玛瑙吊坠

红珊瑚玛瑙手串

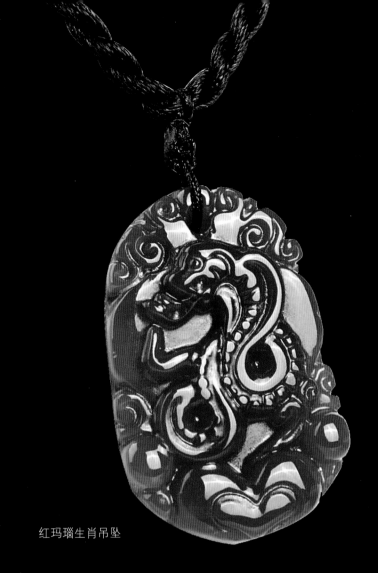

红玛瑙生肖吊坠

925 银镶红玛瑙耳饰

红玛瑙吊坠

天然红玛瑙福寿纹花插

天然红玛瑙手镯

赤琼 血玉

南红玛瑙收藏与鉴赏

红玛瑙生肖吊坠

18K 金镶嵌红玛瑙戒指

925 银红玛瑙戒指

18K 金南红玛瑙戒指

蓝玛瑙手串

2. 蓝玛瑙

蓝玛瑙指蓝色或蓝白色相间的玛瑙，颜色十分美丽。优质者颜色深蓝，次者颜色浅淡，蓝白相间者也十分美丽。目前市场上的蓝玛瑙大多由人工染色而成，它的颜色浓均，这是与天然蓝玛瑙相区分的主要特征。

天然蓝玛瑙手串

蓝玛瑙转运珠手链

赤琼血玉

南红玛瑙收藏与鉴赏

紫玛瑙"四时同心"吊坠

3. 紫玛瑙

紫玛瑙颜色多呈单一的紫色，没有其他花纹。优质紫玛瑙的颜色与紫晶不相上下；次者色淡或不够光亮，俗称"闷"。紫玛瑙在自然界不多见，市场上也充斥着较多的染色者。

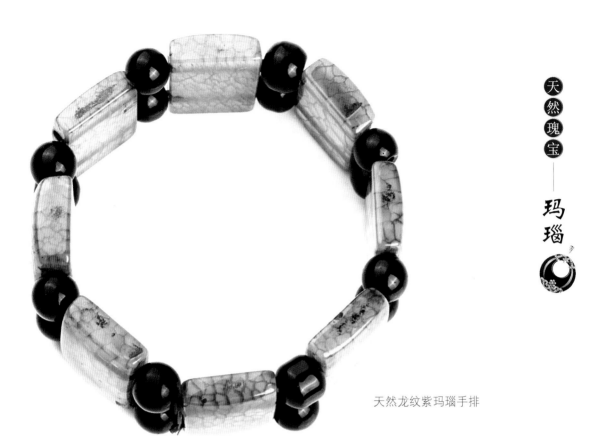

天然龙纹紫玛瑙手排

紫玛瑙"蝴蝶飞舞"吊坠

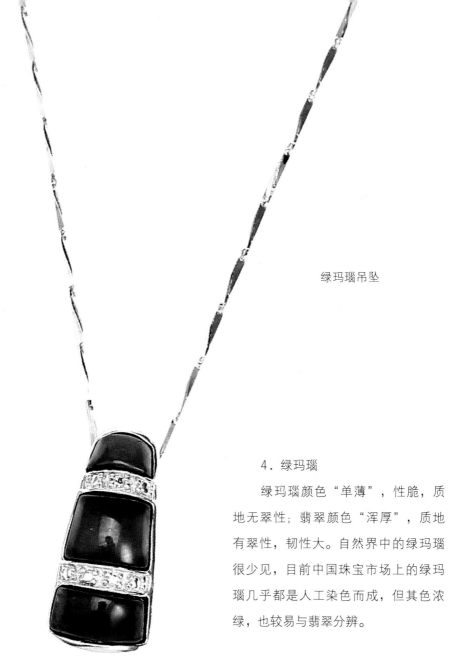

绿玛瑙吊坠

4. 绿玛瑙

绿玛瑙颜色"单薄",性脆,质地无翠性;翡翠颜色"浑厚",质地有翠性,韧性大。自然界中的绿玛瑙很少见,目前中国珠宝市场上的绿玛瑙几乎都是人工染色而成,但其色浓绿,也较易与翡翠分辨。

绿玛瑙戒指

绿玛瑙手镯

绿玛瑙"圆满如意"吊坠

黑玛瑙"牛角金刚"吊坠

5．黑玛瑙

自然界的黑玛瑙也很少见，目前中国珠宝市场上的黑玛瑙都是人工染色而成的，颜色浓黑，易与其他黑色宝玉石相混。

黑玛瑙复古花纹吊坠

黑玛瑙手串

黑玛瑙手串

赤琼
血玉
南红玛瑙收藏与鉴赏

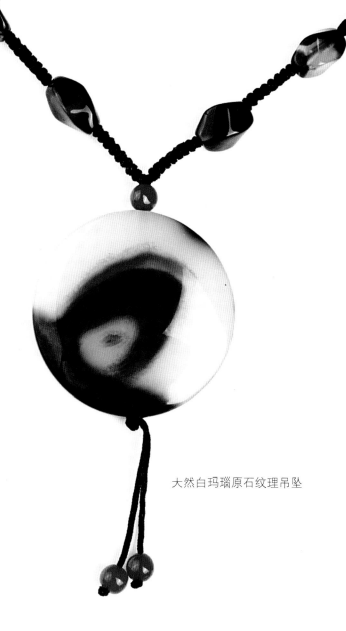

大然白玛瑙原石纹理吊坠

18K 玫瑰金白玛瑙耳坠

6．白玛瑙

白玛瑙是以白色调为主的玛瑙或无色的玛瑙。自然界中出产的一些白色玛瑙的颜色不正，且有很多为灰白色，没有太多的价值。目前市场上的玛瑙多被人工染色成蓝、绿、黑等颜色。

白玛瑙"天圆地方"吊坠

白玛瑙 108 颗佛珠手链

战国 棕玛瑙环

7．棕玛瑙

棕玛瑙又名鸽血玛瑙，其颜色一般是黄红色到棕红色。经常用于别墅或星级酒店的地面、墙面、台面等的装潢。

8．胆青玛瑙

胆青玛瑙是一种青黑色的玛瑙，其颜色青如胆汁，故得此名。经常被做成玛瑙球等摆件类装饰品。它遇火会褪色，变成白色。

胆青玛瑙竹节执壶

胆青玛瑙手镯

火玛瑙项链

● 按光学特征分类

1. 火玛瑙

火玛瑙具有层状的结构，层与层之间有薄层包裹物质，如氧化铁的薄片状矿物晶体，当光照射时，发生薄膜干涉现象，会出现火红色的晕彩，这也是其名字的由来。还有些火玛瑙含有丰富的氧化铁内包物，将其在切磨后会呈现出变彩，呈现出温暖、活泼、火热的色调，据说火玛瑙有预防感冒和冻伤的效果。但是，火玛瑙并不像其他玛瑙一样单独存在，它通常是附在岩石的表层，因此很难找到一块大一点的火玛瑙，物以稀为贵，其价格自然也就很高了。

玛瑙是玉髓类矿物的一种，经常是混有蛋白石和隐晶质石英的纹带状块体，硬度 7~7.5，密度 2.65，色彩相当有层次，有半透明或不透明的，常用作饰物或玩赏物。火玛瑙的颜色一般为橘黄、黄、紫、绿，红和蓝色少见。火玛瑙的外形呈旋涡状，有炫彩，加工时应注意选择正确的切磨方向。美国、捷克、印度、冰岛、摩洛哥、巴西等国是其主要产地。性格比较孤傲、清冷、不合群的人很适合佩戴火玛瑙，因为火玛瑙可以激发热情，让人很好地与他人相处。

火玛瑙手串

2. 闪光玛瑙

　　闪光玛瑙是指当转动玛瑙时，会出现一条黑色的、宽窄会变动的而且还会移动的光带在玛瑙的抛光面或蛋圆形面上。有时一个抛光面上可能会显现多条闪光光带，完整的玛瑙看不到这种现象，光带只出现在玛瑙条带的转折处。在显微镜下条带的转折处是一条微细的裂隙。光带的清晰程度受玛瑙条带的宽窄影响，玛瑙相交叠的层有时非常薄，甚至只有几分之一毫米薄。在垂直条带层理的方向琢磨，条带愈窄闪光光带清晰程度愈高，若条带的宽度超过了0.7毫米，闪光光带开始模糊不清；若条带的宽度大于1毫米，闪光光带消失。光带清晰程度和玛瑙条带颜色也有关，当玛瑙条带为单一颜色时，光带清晰；当玛瑙条带是多种颜色时，则光带模糊。

"三狮戏球"玛瑙摆件

玛瑙龙凤牌

　　之所以出现闪光现象，是由于光线的照射使玛瑙条纹产生相互干扰，出现明暗变化。抛光后闪光更明显。当入射光线的照射角度发生变化时，闪光光带亦随之变化，奇妙极了，同猫眼效应产生的原理相同，都是波纹效应。

　　闪光现象在新疆产的玛瑙及南京雨花台所产的雨花石中都出现过，总的来说，闪光玛瑙很稀少，价格相当昂贵。

复古"千影"玛瑙耳饰

● 按纹理构造分类

1. 缠丝玛瑙

缠丝玛瑙是指具有如同丝带缠绕在一起的纹理的一种玛瑙。有的其纹带如蚕丝一样细，而且颜色多种多样，极具魅力。有的红白相间，有的黑白相间，有的蓝白相间，有的宽如带，有的细如丝，奇妙美丽之极，古代又叫截子玛瑙。质量上乘的缠丝玛瑙既细如蚕丝又富于变化。缠丝玛瑙经常被雕刻成工艺品，它富于变化的纹理，为雕件增色不少。缠丝玛瑙可进一步划分为：缟玛瑙、红缟玛瑙、红白缟玛瑙、黑白缟玛瑙、褐白缟玛瑙、棕黑缟玛瑙。

水滴形缠丝玛瑙吊坠

缠丝玛瑙"马上封侯"挂件

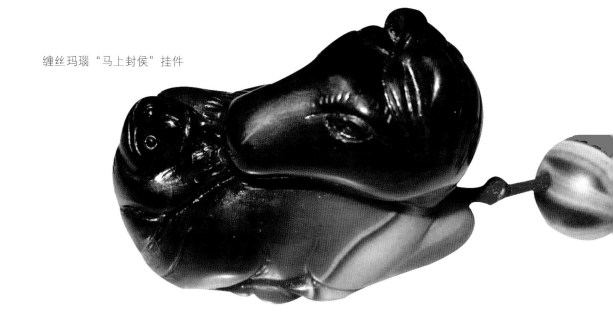

老缠丝玛瑙手串

　　缠丝玛瑙是围棋棋子的常用原料。天然缠丝玛瑙围棋棋子，纹理自然美丽，具有一定的收藏价值。用缠丝玛瑙制作的种类繁多的首饰，如手镯、项链、耳环等，也深受人们喜爱。这些饰品质地光滑细腻，精致美观，美丽的纹带丝丝缠绕，别有一番风味。

　　2．锦犀玛瑙

　　锦犀玛瑙是一种含有多种颜色的玛瑙，抛光后如彩虹般尽显五彩斑斓的色调，也是一种名贵的品种。

　　3．合子玛瑙

　　合子玛瑙是指通体漆黑的玛瑙上环绕着一丝白色条纹。根据它的特点，人们还给它起了一个别称，叫腰横玉带。北京玉器厂曾将合子玛瑙雕成了一群腰间都环绕了一圈白丝带的黑山羊，设计巧妙，别致极了。

赤琼 血玉

南红玛瑙收藏与鉴赏

锦花玛瑙吊坠

4. 锦花玛瑙

锦花玛瑙又名红花玛瑙，是一种红白色条纹相间的玛瑙，层次分明，在古代经常被贵族把玩。白色的部分是蛋白石或石髓。

5. 城寨玛瑙

城寨玛瑙又名堡垒玛瑙、城堡玛瑙。之所以叫这个名字，是因为在其表面具有棱角状如同城郭的纹理。

"葫芦貔貅"玛瑙摆件

6. 蘑菇玛瑙

蘑菇玛瑙是指条纹的结构形态很像蘑菇的一类玛瑙。蘑菇玛瑙奇石曾在中国广西被发现过，它们大小不一，是黑色的，形状很像蘑菇，具有观赏性，让人不禁感叹大自然的神奇。这些玛瑙是使用人工开采的方式挖掘的，产量较小。

玛瑙手镯

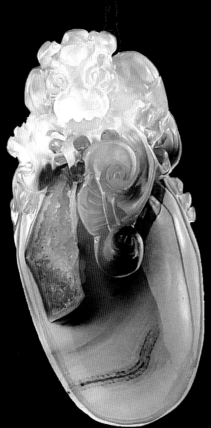

"招财进宝"水胆玛瑙吊坠

● 按质地或其他特性分类

1. 水胆玛瑙

　　水胆玛瑙是指玛瑙或玉髓内部包裹有液体、气体的玛瑙，因包裹体形似动物胆囊而得名。摇晃时，里面的"水"汩汩有声，奇妙无比。水胆玛瑙，"胆"越大，"水"越多，越珍贵。水胆玛瑙在玛瑙中占有极其重要的地位。整体通透又无裂纹和瑕疵的上品水胆玛瑙，是雕刻工艺品的上好材料。水胆玛瑙很坚硬，还要恰到好处地把"水"呈现出来，这对雕刻师的技能要求很高，因此水胆玛瑙工艺品都是价值不菲的。

雕刻师运用他们的奇思妙想，再凭借高超的手艺，使得许多珍贵的艺术品得以问世。有雕刻艺术家曾雕刻了这样一件别出心裁的精美的艺术品，雕刻师用水胆玛瑙雕刻出了鱼或虾，巧妙地利用空洞中的气、液包裹体的水珠，使其正好在鱼或虾的嘴边，那些水珠就如同鱼虾吐出的气泡，真是别具一格；还有的雕刻出寿星抱桃，桃中有水；有的雕刻李白醉酒，酒缸中有水（即酒）；有的雕刻司马光砸缸，缸中有水。因为水的存在，使得一件件艺术品惟妙惟肖、充满生机、令人拍手叫绝。雕刻师在雕琢时，既不能把水胆玛瑙切得太厚，看不清水，也不能切得过薄，使胆破裂，要掌握好度，水胆玛瑙本身就稀有珍贵，雕刻加工又是如此不易，因此一件美观有趣的水胆玛瑙艺术品是相当难得的。

红白玛瑙"蝙蝠桃树"花插

赤琼
血玉

南红玛瑙收藏与鉴赏

水胆玛瑙中有一种特殊的种类，叫血胆玛瑙，它的形成是由于水胆溶液中含有铁离子，因此里面的"水"就变成了血红色。自古以来，血胆玛瑙就被人们视为圣物，其在自然界出产率极低，相当罕见，是可遇不可求的稀世珍宝。

而关于血胆玛瑙的成因，人们有不同的看法，一部分人认为空洞的玛瑙出现了裂痕，铁离子及水趁机渗入，后经岁月流逝，玛瑙又自己封合上了；另一部分人认为硅质矿物原生时就含有铁离子，形成玛瑙后，二氧化硅胶体再次冷却，压力降低，结晶速度减慢，微石英颗粒和水晶晶簇便在其内腔形成了，剩余的主要液态成分是水，而当其既含水又含铁离子时，就形成了血胆玛瑙。

玛瑙花瓣盏托

清 水草玛瑙葫芦小洗

2.水草玛瑙

内部含有绿色或其他颜色的如同水草物质的玛瑙就是水草玛瑙。如果含有苔藓状包裹物就称之为苔藓玛瑙，含有羽毛状包裹物就称之为羽毛玛瑙。目前市场上比较常见的苔藓玛瑙产于美洲巴西等地，其内部的苔藓状物一般是深绿色丝絮状。

水草玛瑙又名天丝玛瑙，硬度7.0~7.5，折射率1.54~1.55，密度2.60~2.65，一般是半透明到不透明，其内部天然形成的包裹物，主要是绿色、紫色和黄色等，就好像浮动在河塘中的水草，婀娜蜿蜒，正在舞动着曼妙身姿，美丽奇妙极了。水草玛瑙的特殊形态决定了它不仅可以加工成饰品，而且有漂亮的内部景观的水草玛瑙还是非常具有收藏价值的。

纯天然水草玛瑙项链

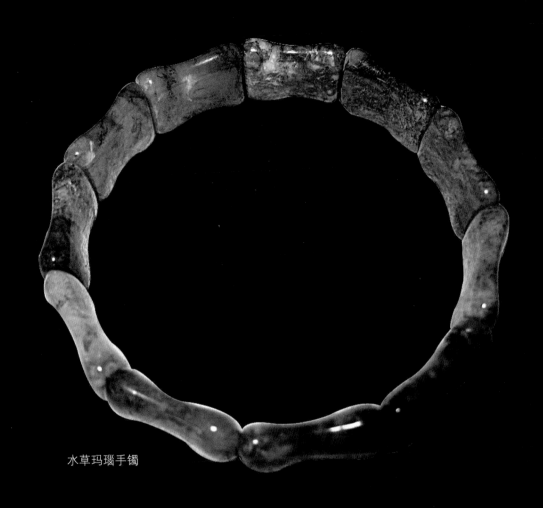

水草玛瑙手镯

    佩戴水草玛瑙对人体有颇多益处，它能促进新陈代谢，促使人皮肤光滑细腻；还能治疗便秘，帮助人体排除毒素。冷漠的人也适合佩戴水草玛瑙，它能使人更热情，促进与他人和谐相处。

赤琼
血玉
南红玛瑙收藏与鉴赏

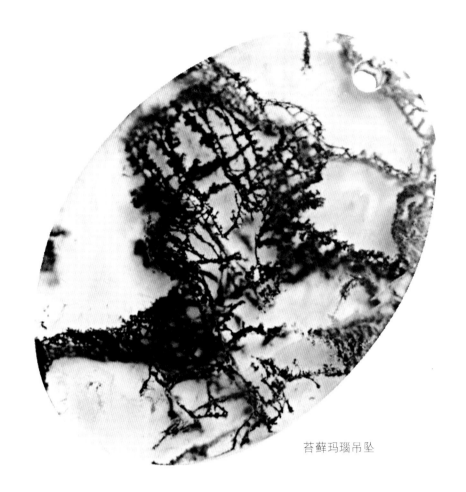

苔藓玛瑙吊坠

3. 血点玛瑙

上面散布着血滴状红色或棕色斑点的玛瑙，叫作血点玛瑙，又叫红斑绿玉髓，也称鸡血石。它是不透明的。因为含有辰砂而导致具有血色的昌化石，我们也称之为鸡血石。氧化铁也可以导致宝石上有红色血滴，与血玉髓的区别在于血玉髓的底色是绿色。

4. 管状玛瑙

管状玛瑙有三种情形：一种是指因外力作用或因重结晶作用，玛瑙出现裂纹，这些裂纹由脉或管状物充填穿过玛瑙纹层；第二种是指有像管子的不透明包裹体存在于半透明的玛瑙中；第三种是指管状物将玛瑙条纹分隔开。

天然瑰宝——玛瑙

管状玛瑙手镯

5.风景玛瑙

风景玛瑙是指玛瑙中的各种花纹、包裹体等组合成人物、花草、云海、日出等风格迥异的风景图画，令人称奇，有意境的风景玛瑙十分珍贵。风景玛瑙装扮出了一个奇异的世界，由于玛瑙包裹体和颜色变化万千，丰富多彩，构成的景象也是各具特色，有山川河流、奇花异卉，仿佛在诉说其中的故事。这是大自然的神奇造物，可遇而不可求。

风景玛瑙吊坠

七彩玛瑙歌

世间咏奇石，皆云补天遗。

松阳见彩琼，始信事非疑。

性坚能克玉，质润滑如脂。

七彩色斑斓，百变纹瑰奇。

流丝织彩霞，丹青染虹霓。

花艳称国色，草秀有天姿。

红叶秋山袂，青苔老树衣。

崖畔鹿欢跳，松间鹤舞低。

幽穴僧面壁，春田叟扶犁。

蓬莱暮霭重，瑶台晓雾湿。

此色天上有，人间不可及。

非藉神仙手，哪得石中驰。

和田叹色浅，寿山愧质稀。

阜新难比肩，雨花色亦失。

置案室生辉，摩挲神自怡。

来日松荫居，樵云煮彩石。

我国特有的玛瑙

南红玛瑙

南红玛瑙原石

　　在众多的玛瑙之中，南红玛瑙可谓是一枝奇葩。南红玛瑙作为我国独有的玛瑙，生于深山大泽之中，实乃天地之灵物。它质地细腻，产量稀少，所以老南红玛瑙价格每年都在上升。

南红玛瑙的产地

● 云南保山

从南红玛瑙名字的由来，我们可以了解到云南是南红玛瑙最具有代表性的产地，而云南最典型的南红玛瑙产地就是保山市的玛瑙山，明代的《徐霞客游记》就曾对保山南红玛瑙的特点进行过描述。

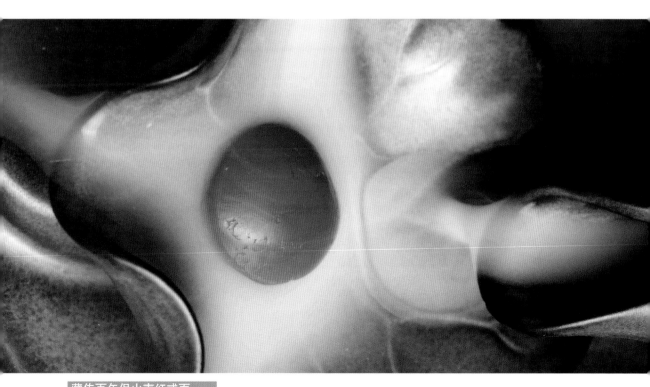

藏传百年保山南红戒面

市场参考价：6000~8000 元

亦琼 血玉

南红玛瑙收藏与鉴赏

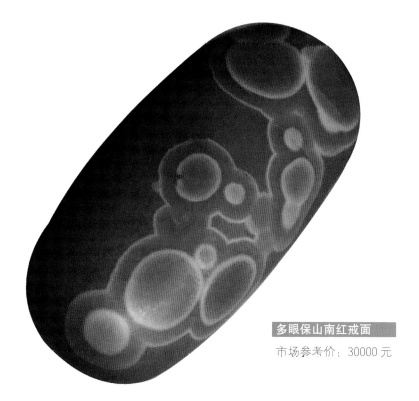

多眼保山南红戒面

市场参考价：30000 元

　　直到今天，新南红玛瑙制品九成以上的原料仍是来自于云南保山这个地区。甘南藏族自治州的藏族老人曾给我们讲述在 1949 年之前还购置过新南红玛瑙，也看到过一些关于民国时期曾卖给外国人大量南红玛瑙珠串的照片，这些饰品质量十分上乘，而且收藏于北京故宫博物院的南红玛瑙手串也明显具有清晚期手串的遗风。现如今保山仍然可以每年提供一些遗存的原矿，作为现代装饰品的矿料。另外，还有观点认为之前的老矿坑确实已经废弃了，如今的保山南红玛瑙都产自新矿坑。如今在市场上经常卖的所谓的"柿子红"南红玛瑙就是保山产的。

● 甘肃迭部

　　甘肃也产南红玛瑙，简称甘南红。甘南红颜色艳丽纯正，很有光泽，颜色不是很多，一般都是橘红色到大红色之间的，偏深红的也有少量出产。偶尔会产出有雾状结构的。甘南红无论哪一部分，都给人以浑厚的感觉，和水彩颜料有些相似。通常说来，南红玛瑙中质量最佳的是甘南红。根据资料分析，甘肃迭部的南红玛瑙的产量非常大，人们甚至曾采用地表拣拾的方式采矿。资料显示，甘肃迭部地区的老南红玛瑙很稠密，并且呈地域性辐射。

藏传老甘南红戒指

市场参考价：40000 万

我国特有的玛瑙——南红玛瑙

● 四川凉山

四川凉山美姑南红玛瑙是近些年才发现的，是新南红玛瑙矿。因而美姑南红成了宝石赏玩家、宝石商的宠儿，是保值收藏的奇货。远有上海、北京、深圳等地，近有成都、西昌及周边县市的收藏大户，他们长途跋涉纷纷聚集在美姑，争先恐后地前来购买，竞争激烈。

凉山南红项链

南红 "貔貅送宝" 吊坠

南红 "年年有余" 吊坠

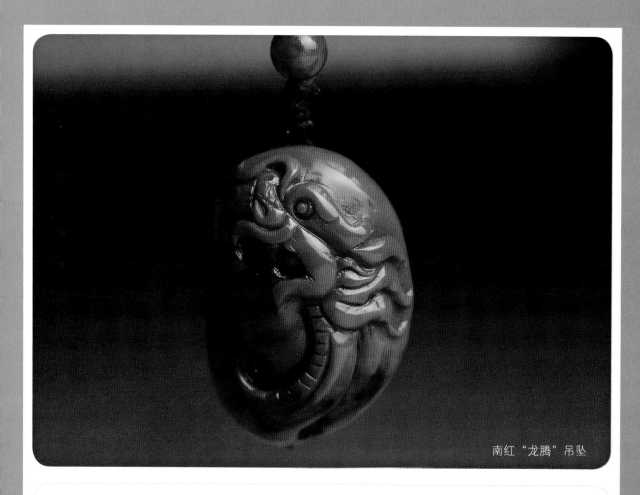

南红 "龙腾" 吊坠

南红 "连年有余" 吊坠

规格：3cm×1.6cm×4.2cm

市场参考价：3980 元

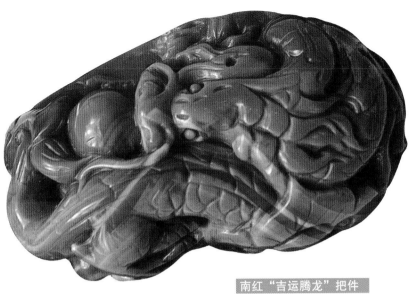

南红 "吉运腾龙" 把件

规格：3cm×1.8cm×4.6cm

市场参考价：3980 元

南红 "福禄如意" 吊坠

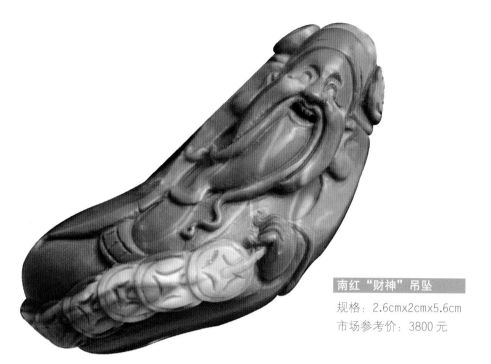

南红"财神"吊坠

规格: 2.6cm×2cm×5.6cm

市场参考价: 3800 元

南红"入云龙"吊坠

重量: 23.01g

市场参考价: 3500 元

南红"古韵龙牌"吊坠

重量：31g

市场参考价：10000 元

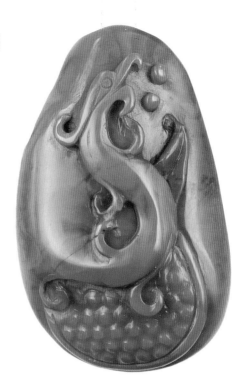

南红"年年吉瑞"把件

重量：69.15g

市场参考价：22800 元

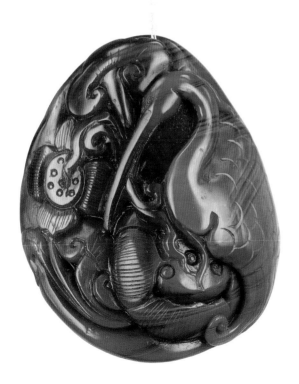

锦红料 "龙头龟" 把件

 # 南红玛瑙的种类

因地质环境不同，南红玛瑙质地、矿态也不相同，不同地质环境下呈现出不同的外观。我们按颜色可将南红分为锦红料、玫瑰红料、朱砂红料、红白料等。

● 锦红料

锦红料是南红玛瑙中最为珍贵的，最佳者红艳如锦，其特点是红、糯、细、润、匀。颜色以正红、大红色为主体，其中也包含大家所熟知的柿子红。

以正常流通的南红玛瑙来说，锦红料是目前市场价格最贵、收藏价值最高的南红玛瑙。它适合做各种器物——珠子、戒面、耳钉等饰品或手把件。

● 玫瑰红料

玫瑰红料的颜色相对锦红偏紫，整体为紫红色，如绽放的玫瑰，史上较为罕见，在凉山南红矿中有一定量的出现。

单纯的玫瑰红料，颜色不如锦红料红，稍显暗淡，但比锦红料透彻，呈现冻质，且常与锦红料共存，比较适合做雕件。

玫瑰红项链

● 朱砂红料

　　朱砂红料的主体红色可以明显看见由朱砂点聚集而成，也有的呈现出近似火焰的纹理。有的朱砂红的火焰纹甚是妖娆，有一种特别的美感。

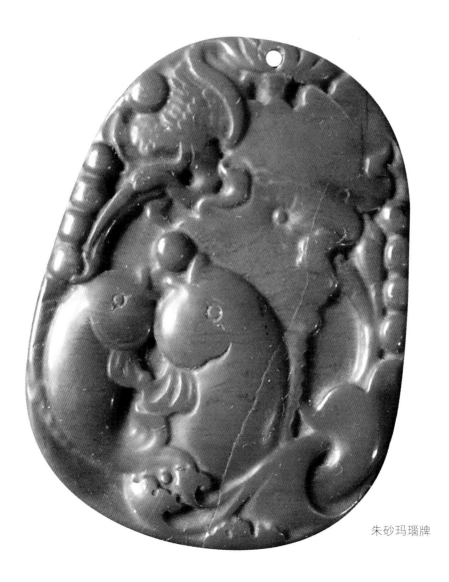

朱砂玛瑙牌

南红"聚宝盆"吊坠

重量：32g

市场参考价：10600 元

● 红白料

　　红白料是红色与白色相伴生，如常见的红白蚕丝料，其中红白分明者罕见，通过巧妙的设计雕刻，可达到意想不到的艺术效果。

南红手串

直径：1.4cm
重量：48.68g
市场参考价：5280 元

● 纯白料

纯白料是以白色为主体的南红材料，也被玩家称为南红白料。个别白色南红材料会带着天然蚕丝，蚕丝形状各异，非常漂亮。

南红"鸳鸯"把件

● 缟红料

　　缟红料是以红色为主体的有着缤纷纹理的南红材料，因其纹理类似红缟纹理，故被玩家们称为缟红纹南红。

【正】

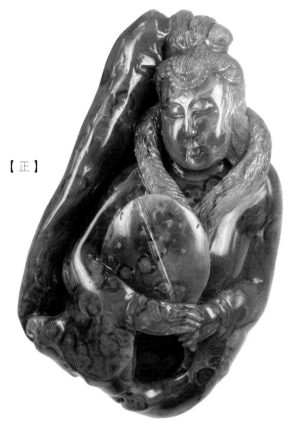

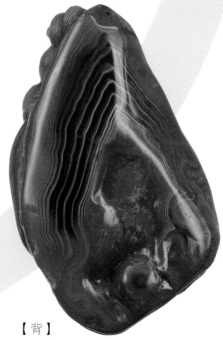

南红"贵妃执扇"吊坠

尺寸：3.5cm x1.8cmx9.5cm

参考价格：39800 元

【背】

南红"古韵龙牌"吊坠
重量：25.19g
市场参考价：6500元

● 樱桃红料

樱桃红以四川凉山州冕宁县联合乡出产为主，联合料属通透玉料，晶体非常细腻，但料子两极分化很严重，好的是极品樱桃红，差的就只能沦落到做成通货卖地板价了。

品质高的樱桃红，色泽明快，润度高，水头足，打灯看或者对着光看，没有玛瑙纹，质地均匀纯净，是制作戒面的最好原料。

玛瑙"砂心"

在玛瑙的同心环带状花纹的最内层有时会有石英晶体，这就是所谓的玛瑙"砂心"。玛瑙砂心有实心的，也有空心无水和空心含水的。如果砂心中的石英晶体结晶程度好，色泽艳丽，透明度高，各个晶体之间结合得很牢固，这种玛瑙即为很好的玉雕材料。如果砂心的空心中间包藏有水，便叫"水胆玛瑙"，也是很有用的玉雕材料和收藏品。

South red agate

111

赤琼 血玉

南红玛瑙收藏与鉴赏

南红玛瑙的加工

　　一块南红玛瑙原石是没有多少观赏价值的，但是雕刻成作品之后往往都会变成难得的精品，一些上好的作品更是价值不菲。一件南红玛瑙雕刻作品的形成要经过原料选取、观察构思、确定主题、打样去皮、设计定型、精雕细琢、研磨抛光、配座包装等工序。南红玛瑙雕刻一般由两种方式完成，一种是根据原料设计作品，另一种是根据事先的要求精选原料。

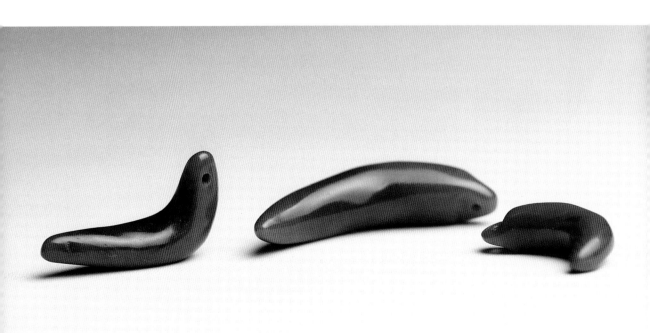

南红"月牙"吊坠

112

南红"如意花生"雕件

　　挑选南红玛瑙原料一般多选取纹理清晰、形状奇特、颜色丰富、无杂质、不皲裂、通透性好的玛瑙料。不过，在实际挑选过程中，能全面达到标准的并不算多，甚至可以说能遇到这样的精品材料是非常难得的。如果材料有缺陷，那么就需要加工者独具慧眼，巧妙构思，运用创作手法，去除瑕疵，遮盖弊点，使作品更加完美。下面就具体做法作一简单介绍。

　　首先，要对一块南红玛瑙料进行认真观察。先取清水润湿原材料，观其颜色，勾勒出设计作品的大致，然后利用切割机、去皮机打去外皮，设计师根据南红玛瑙料的形状敲定题材，题材有山水、人物、动植物等。

赤琼
血玉

南红玛瑙收藏与鉴赏

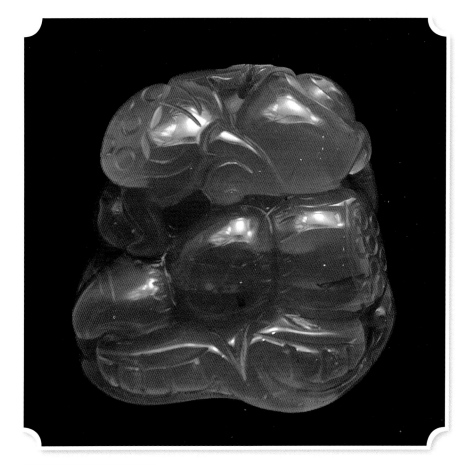

南红"连年如意"吊坠

规格：3cm×1.8cm×3.2cm
市场参考价：5800元

　　其次，用雕刻机和切割机对坯料推层次。一件雕刻作品若是山水摆件，就应有层次；如果是圆雕作品，则可以不考虑层次感问题。在推层次的过程中，主体部分要定位，一般在第一层按照颜色和需要的深度进行确定，把玛瑙料多余的部分去掉。然后在第二层安排作者构思的具体内容，用第二层来烘托第一层，采取远距离和近距离分别细致观察，精细设计内容，要使作品远近结合，浑然一体，层次感强烈。确定后着手研究第三层、第四层及第五层等。层次感越多，越需要细腻，这样才能更好地体现作品的精美，才具有更高的艺术价值。

最后，开始由雕刻师精雕细琢。在收细的过程中要注意以下几点：

（1）要以第一层次为主题，去掉多余的玛瑙肉，再进行下一层次的创作。

（2）要根据玛瑙料的特点，脆、软、小、薄、细的地方要后处理，先处理面积大、有硬度、不怕修改的地方，对容易损坏的地方要精益求精，不能影响作品的完美程度和完整性。

（3）有时候根据玛瑙料质的需要应该从后面制作，根据后面背景的衬托，突出前面的设计内容，要前后照应。不能出现前后反差过于突兀，造成艺术性缺失，否则作品可能会失去应有的价值。

南红手串

直径：0.6cm

重量：27.84g

市场参考价：6600 元

（4）在雕刻的过程中，要把雕刻和抛光结合在一起进行。雕刻的时候要考虑抛光的技术要求，在雕刻细微的地方，为使作品的完整性得到保障，要先进行抛光，要避免因为雕刻的细腻引起玛瑙作品的材质附着污染物，防止出现锈渍或者水垢。

进入作品创作后期，要进行全面抛光处理。在抛光的过程中，技师必须注意作品的艺术性，要充分体现作品的题材、艺术价值和内涵，要有针对性地抛光。技师在加工的过程中要明暗结合，光度要配合雕刻主题的需要，力求所有的细微雕刻体现完整，广度雕刻一目了然，别致奇雅，浑然一体。

南红玛瑙

我国特有的玛瑙——南红玛瑙

南红玛瑙

南红玛瑙

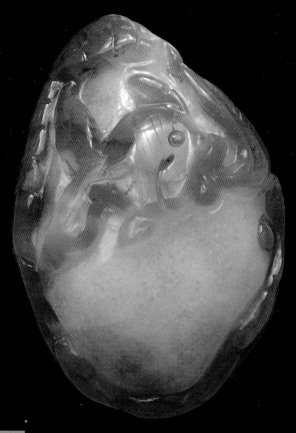

南红"热带鱼"吊坠

规格：3.3cm×1.8cm×5cm

市场参考价：5800 元

　　在一件雕刻作品完成后，为了体现作品的价值和应用的需要，要进行完美的包装。一件好的作品，包装的艺术性是反映其价值的关键。首先要配好座，选用什么材质、题材、款式的座能体现其作品的完整性，也是一项具有挑战性的艺术工作，这是南红玛瑙作品"出炉"前的升华阶段。包装盒、运输要求、包装袋等都是南红玛瑙作品雕刻过程中需要充分考虑的一部分。

玛瑙雕刻有南北工之分。北方工以北京为中心，又称京作；南方工以苏州为中心，又称苏作。南北方的工艺差别很大，主要表现在风格上。南方工艺细腻，重细节部分的逼真精细，特别表现在玉器摆件上；北方工艺多用简练刀法表现，通常在玉石上留出较大面积，形成"疏可跑马，密不透风"的特点。

南红"玉米"把件

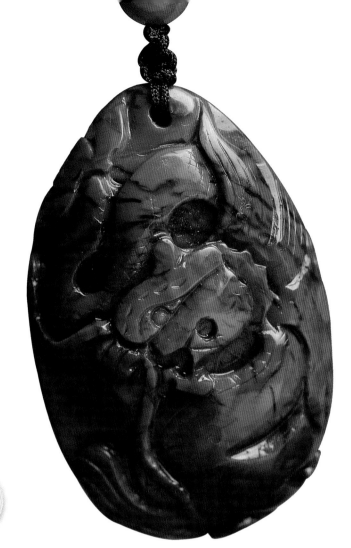

赤琼血玉

南红玛瑙收藏与鉴赏

南红
"龙行鸿运"
把件

　　每一件精美作品的产生都需要不同的生产构思、不同的艺术再现，这就需要更多的玛瑙设计者、加工者更深度的挖掘，也给广大玛瑙爱好者充分的想象空间。

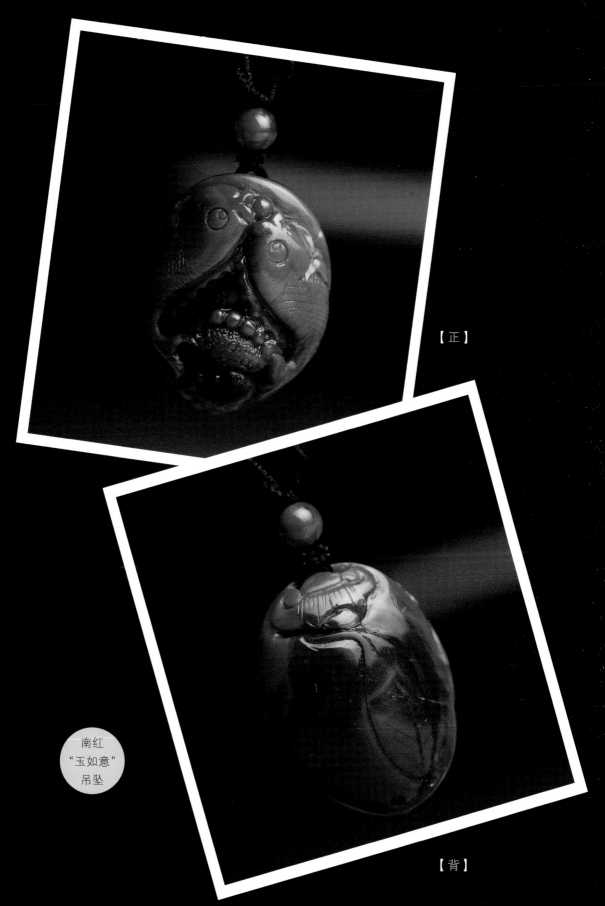

【正】

南红
"玉如意"
吊坠

【背】

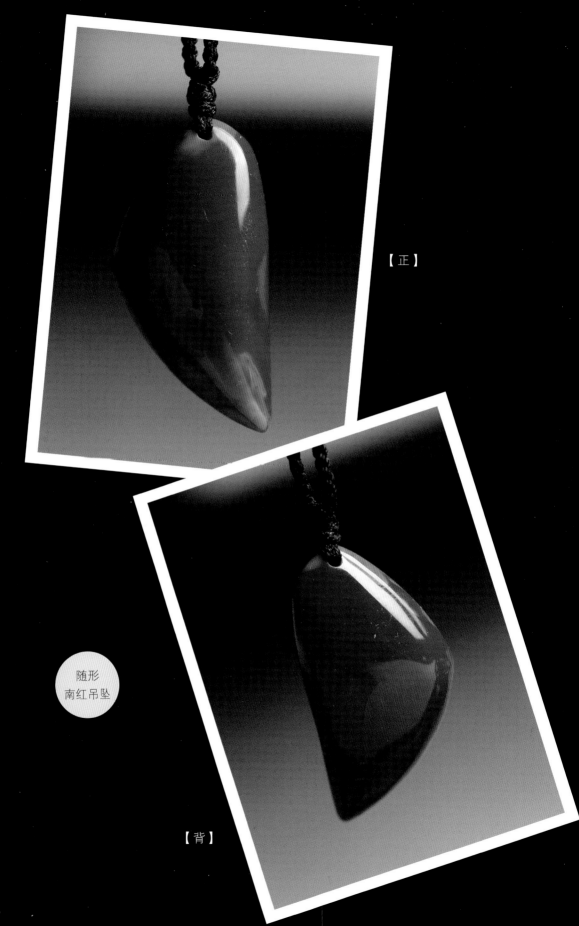

【正】

随形
南红吊坠

【背】

南红
"瑞兽"
把件

123

南红
"富贵平安"
吊坠

【正】

【背】

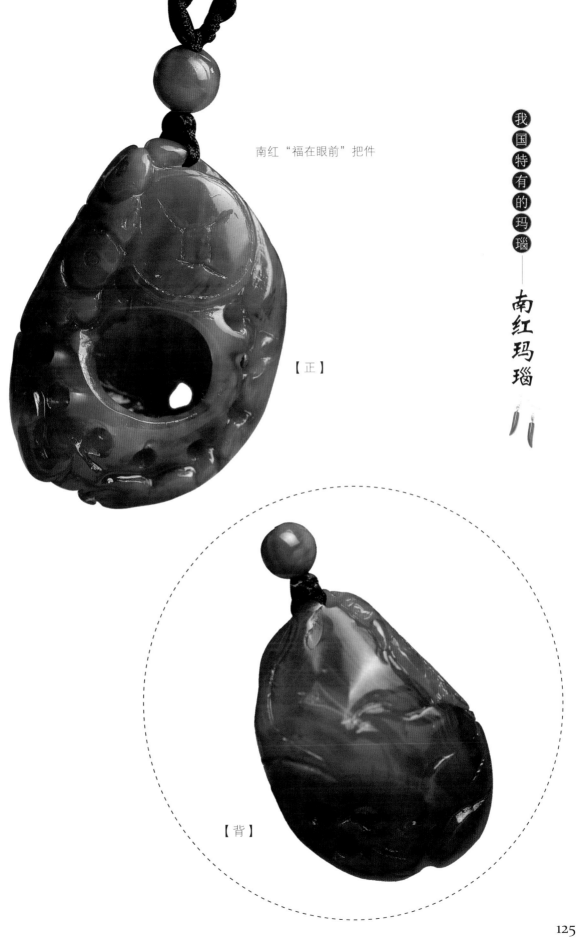

南红"福在眼前"把件

【正】

【背】

南红玛瑙的常见饰品

● 戒指

　　戒指在现代为大多数人所钟爱，男女皆可佩戴。从古至今，戒指总被作为男女定情的信物。那么戒指是怎么来的呢？有一种说法认为，戒指是在中国古代的后宫中诞生的。古代的皇帝有数不清的后宫佳丽，如果皇帝喜欢上了后宫的哪个女人，宦官就负责记录后妃侍奉君王的日期，并在她右手上戴一枚银戒指以作标记。如果后妃怀孕，宦官就会给她在左手戴一枚金戒指，以作标记。久而久之戒指就发展成了婚姻的信物。14世纪后，欧洲女性普遍戴起了戒指。戒指具体怎么戴，也慢慢发展出了一套约定俗成的方法。

铂金镶南红戒指

市场参考价：5200元

戒指一般戴在左手上，戴在每个手指上都有不同寓意，国际上比较普遍认同的说法是：

大拇指上很少戴戒指，双手其他的各个手指都可以佩戴。

食指上戴戒指，代表本人想结婚而尚未结婚。

中指上戴戒指，代表本人正处于热恋之中。

南红戒面

市场参考价：（大）600元；（小）200~300元

保山南红戒面

无名指上戴戒指，代表本人已经订婚或已经结婚。

小指上戴戒指，代表本人只想独自生活，也就是表示本人是个"不婚族"。

现如今，玛瑙戒指开始出现在许多人的手指上，玛瑙戒指优雅、高贵，尤其受女性青睐，但是你知道怎样的玛瑙戒指才能将自身衬托得更高端、大气吗？

　　我们每个人手型千差万别，而根据手的长短、手指粗细、皮肤黑白等特点，有技巧地佩戴戒指，才能使戒指更好地修饰双手，达到预期目的。

　　下面介绍一下戒指的佩戴技巧：

藏传老保山南红戒指

市场参考价：30000 元

1. 瘦小型手

有的人手很瘦小，手掌小巧，手指纤细，此类型的小手宜选戴做工精细的小巧戒指，可选镶有单粒梨形戒面的线戒，或者是细小马眼形戒面的戒指，这类戒指会使短小的手指显得秀气、修长。此种手不适合戴大戒指，像是大方戒、镶着很多宝石的复杂的戒指及纵向很长的戒指。这些大戒指都会使本来就短小的手指显得更短。另外，很大的戒指戴在很小的手上，显得戒指笨重，也使得手看起来特别单薄，不符合我们的审美。

保山南红 18K 黄金戒指
市场参考价：30000 元

2．细长型手

这类手的特点是手掌不宽不窄，手指修长，如果皮肤也白皙滑嫩，就是一双最符合我们审美的手，无论什么材质、什么样式的戒指戴在这种手指上都漂亮夺目。若戴纤巧的戒指，则显得轻盈、精致，俏丽玲珑；若戴大气一些、烦琐一些的戒指，又能显得潇洒、干练，透着时尚。但是，手指特别纤细的女性不是很适合戴玛瑙戒指，她们可以尝试戴钻戒或者玉质的戒指，一些较大的珠宝戒指也可以选戴。

3．短粗型手

这类手的特点是手掌偏短，手指不长且粗，整体看起来又短又厚，此种手应该选购线条流畅、款式简单的戒指，可在中指、无名指上戴一椭圆形小刻面的镶宝石戒指，或是选一款Ｖ型、Ｓ型扭曲的线戒，这样的戒指可以让手看起来长一些。这种类型的手最好不要尝试方戒、圆戒及烦琐的群镶戒，这些戒指会放大手指的缺陷。

甘南红戒面

百年保山南红戒面

4．粗大型手

这种手的特点是手掌大、手指粗，可以选戴中等大小的戒指，像中等的镶宝石的戒指、马鞍形的玉石戒等。这种手不适合戴特别纤细、精巧的戒指，因为粗大的手与过细的戒指对比反差太大，就会感觉手更粗；也不适合佩戴过大的戒指，这种戒指戴起来，会给人一种很笨重的感觉。

● 手镯

　　手镯是一种环形的首饰，是佩戴在手腕上的。手镯有不同的构造：一种是一个封闭的圆环，多是用玉石材料制成；另一种不是完全封闭，有端口，多是用金属制成。手镯在古代又叫跳脱、臂钏等。隋唐至宋朝，妇女用镯子装饰手臂已很普遍。玛瑙种类繁多，它们没有完全一样的纹理，因此每个玛瑙手镯都是独一无二的，而且玛瑙手镯可以辟邪，一些信佛的人常佩戴玛瑙手镯，漂亮又实用。

南红玛瑙手镯

　　首饰种类多种多样，其中手镯似乎很受女士欢迎的。当你逛街时，不妨细心观察一下来往女人的手腕，很多女性会戴一只手镯，有各种款式、颜色、质地的，仿佛手镯就是和女人如影随形的。手镯还有很多作用：可以彰显身份，也能很好地装饰手腕，和服饰相搭配，还可以促进身体健康。

　　手镯的佩戴技巧如下：

　　清晨时分，一般手镯比较容易戴上，到了中午手镯就会变得不那么好戴了，这是因为中午，人的血管膨胀了。戴手镯也有一定的规则，不能完全随心所欲，否则会贻笑大方。

南红玛瑙手镯

圈口：5.8cm

南红玛瑙手镯
圈口：6.0cm

　　我们戴手镯，想戴几只，可以根据自己的意愿，这个没有过多的规定。如果只戴一只，应戴在左手上，不可戴于右手；如果想戴两只，可以双手各戴一只，也可以都戴在左手上；如果戴三只，就应都戴在左手上，不能一个手腕上有一只，一个手腕上有两只。人们一般不会戴比三只更多的手镯，如果非要这样佩戴，就都要戴在左手上，这样看起来会显得更加新鲜、时尚。另外，镶宝石手镯应贴在手腕上；不镶宝石的，可松松戴在腕部。我们还应该特别注意，我们的手镯佩戴应该和我们的服装相得益彰，不能只为了标新立异而破坏了整体美感。如果既戴手镯又戴戒指，则应当注意两种首饰应整体和谐，搭配得当。

南红玛瑙手镯

　　初戴手镯的人，应仔细试戴，注意手镯的大
小。过紧的话，戴起来费劲，手镯紧贴腕部，也
不利于血液循环，戴起来不舒服；手镯过大又容
易脱落，以致摔坏。如果试戴玛瑙手镯，腕部下
方应放上软垫，以免因脱落而摔坏。

● 手串

手串和手镯一样，也是佩戴在手腕上的饰品。它们由一颗颗的珠粒组成，这些珠粒多为圆形、椭圆形、方形和不规则的随型等。随着手部的动作，手串很容易吸引旁人的视线并引起注意，同时影响别人对你的印象。手串的长度、大小不等，佩戴时也应掌握好尺寸。太紧了，会影响美观和舒适；太松了，又会滑向手部。

南红玛瑙手串

赤琼 **血玉**

南红玛瑙收藏与鉴赏

南红玛瑙手串

选购时要先看整体造型是否完整，如圆度、对称度等。其次是看工艺构造是否合理、牢固，比如镶宝石于链，其缝隙大小会直接影响宝石的牢度。再有就是看制作是否精细，如链面是否光洁，花纹是否细致。

手串佩戴技巧如下：

如果手腕纤细、骨骼不明显，可以佩戴任何形状的手串。如果骨骼明显的话，就选择长手串，可以在手腕上缠绕几圈。如果是手腕丰润，可以选择较粗的手串。如果喜欢纤细秀气感觉的可以选珠径 4~6 毫米的手串。喜欢稍豪放些感觉的可以选珠径 8 毫米的手串。

冻漂红手串

重量：94g

市场参考价：5000 元

南红手串

直径： 1.2cm

重量： 45.15g

市场参考价： 7980 元

火焰红满肉手串

重量： 52.36g

市场参考价： 5000 元

● 项链

南红玛瑙项链雍容典雅，带有美好的祝福含义，又可以有效地美化脸部和颈部，是常见的玛瑙饰品。

南红玛瑙项链是将玛瑙打磨成圆形或方形珠粒，然后打孔，再用细线串成的珠链。制成一串均匀完美的珠链是很费时又费工的，难度较大，这是因为珠链要求的原料量大，且品质要相同，打磨珠粒大小也要相同，所以一串珠粒均匀的南红玛瑙项链定价一般都很高。

南红项链

在选购时需要注意以下一些事项：

（1）组成项链的南红玛瑙珠粒完好，尽可能避免有明显的裂隙或破缺。珠链的珠径大小应适中。珠粒的眼要打得直，且孔径一致。串链时珠与珠之间的缝隙要紧凑，不能太空虚。

（2）整条珠链的配色及大小应该协调一致。如果珠链达不到颜色一致，但颜色具有某种变化规律，如浓度或色调渐变，赏心悦目，也不失为上品。

（3）珠链镶嵌的接头要精密，不能残留粗糙的痕迹，应光亮而华丽。结扣应栓紧，保证牢固，以防散落。

南红项链

市场参考价：6600 元

南红项链

市场参考价：5600 元

关于项链的传说

　　项链是出现最早的首饰。传说，项链最早源于古代的抢婚风俗。抢婚者用一条绳子或金属链套在未来妻子的脖子上，以防其逃跑，这便是项链的雏形。还有一些原始部落认为在项部佩戴饰物可以起到保护生命的作用。现在，项链已成为一种常见的饰物，对于衬托脸部和颈部有着重要作用，还可以烘托人的整体气质。

赤琼

血玉

南红玛瑙收藏与鉴赏

项链的佩戴技巧：

1. 瓜子脸

本身脸型是瓜子形的人，就不要佩戴"V"字形的南红玛瑙项链，以免加重脸型尖线条的痕迹。

2. 西瓜形

西瓜形的脸型看起来显得很可爱，应该考虑选择佩戴长一些、珠子中型大小的南红玛瑙项链，这样能使脸型看起来稍稍长一些。

3. 椭圆脸型

椭圆形脸是比较常见的，这种脸型无论搭配何种款式的南红玛瑙项链，都会觉得好看。但如果呈长椭圆脸型，在选购时则可以选择用短小的项链加以协调。

4. 国字脸

因脸型为方方正正，所以在佩戴时，若你想使自己的脸看起来比较修长，那么佩戴"V"字形的项链加上吊坠会更好。若想使自己脸上线条不是那么明显，则可以选择细小的项链，从而给脸型增加柔和的感觉。

满色红水料塔链

重量：39g

市场参考价：3600 元

南红"踏宝貔貅"挂件

重量：16g

市场参考价：3350 元

南红"年年有余"挂件

重量：23.2g

市场参考价：5500 元

● 吊坠

吊坠是一种佩戴在脖子上的饰品，一般都是一个比较特别的形状的主体，然后用绳子或金属链条连接起来，作为一种饰品来装扮自己，既能体现高档气质、时尚潮流，又有着传统的美好寓意。

吊坠多与项链搭配，在佩戴时肯定会与身体肌肤相接触，这就要求南红玛瑙吊坠的整体形状要光滑圆润，以防有尖锐的棱角刺伤自己。再看雕工，主要看线条是否流畅，做工是否精细，表面抛光如何，等等。

南红"一枝独秀"吊坠

重量：22g

市场参考价：5200 元

南红"貔貅聚宝盆"把件

重量：32.32g

市场参考价：3250 元

赤琼血玉

南红玛瑙收藏与鉴赏

● 耳饰

耳饰就是戴在耳朵上的装饰品，古代又称珥、珰。耳饰一般都不会很大，单独看并不会有多夺人眼球，但是把耳饰戴在耳垂上之后，效果就会很不一样，当旁人看向你的脸时，耳饰能快速地吸引他人的目光，充分发挥其修饰人脸的作用，使佩戴者看起来更加美观。

另外，耳饰还有其他的作用。在古代，人们最初佩戴耳饰是为了辟邪，祈求平安吉祥。中医认为，耳洞的位置是不少穴位集中的地方，佩戴耳饰能使佩戴者放松疲劳的双眼，促使佩戴者心情愉快。耳饰的佩戴技巧如下：

南红玛瑙耳饰

南红玛瑙环形耳饰

1．脸庞偏大

如果女生脸盘比较大，最好不要戴圆耳饰，应该戴较大的耳饰或是上小下大形状的耳饰，如三角形、水滴形的，这一类耳环可以使脸看起来不那么宽，在视觉上可以拉长脸型。

南红玛瑙旭日耳饰

赤琼 血玉

南红玛瑙收藏与鉴赏

2．方形脸

方形脸需要通过耳饰修饰让脸部的线条看起来更柔和。花形、心形、椭圆形的耳饰都是不错的选择，这些线条柔和的耳饰可以很好地缓和脸部棱角，使脸看起来不那么方。

3．长脸

紧贴耳朵的圆形耳饰、纽扣形耳饰最适合脸部较长的女性，而紧贴耳朵的耳饰更可以减少纵向延展感。

南红玛瑙耳饰

南红玛瑙"福禄"耳饰

4．瓜子脸

瓜子脸下巴比较尖，可以选择下面大、上面小的耳饰，用来缓和下巴过尖的感觉，水滴形、三角形的耳坠或耳钉都是不错的选择，但是"倒三角形"会使尖下巴更凸出，最好就不要尝试了！

5．卵圆形脸

卵圆形脸是东方女人的标准脸型，基本上佩戴何种款式、形状的耳饰都很适合。除此之外，还要注意耳饰与自身发型、服装等整体感觉是否协调，搭配得当才能美观大方。

6. 圆脸

如果是圆嘟嘟的脸，就最好不要佩戴圆耳环、圆形的耳坠了，以免显得脸更圆。

另外，多彩的夏季可佩戴色彩斑斓的耳坠或是带钻石的小耳环，冬季则可以佩戴金耳环，增加温暖感。如果脸的颜色发黄，可以佩戴白色耳饰；如果肤色白净，可以选粉色耳饰，或是镶玛瑙、红宝石的耳饰，可以将肤色衬托得更加白皙动人。身材瘦小的女生可选精致的镶钻小耳饰，高挑的女生可选垂挂的大耳饰。

南红玛瑙"小辣椒"耳饰

南红玛瑙 "水滴" 耳饰

玛瑙饰品与星座

巨蟹座 & 双鱼座专属——清透玛瑙葫芦挂饰

同是水象星座的蟹子和鱼儿，都拥有一颗敏感而善良的心，也许就是因为感知太灵敏，所以总能体会他人不能体会的细节。但是他们的情绪化和心软也会带来很多负面的东西，容易被欺骗并受到不良环境的影响。佩戴清透玛瑙葫芦挂饰，借助它传统的除厄纳福的功效，帮助吸收灾厄之气，让蟹子和鱼儿的浪漫天性自由发挥，不受糟糕因素的困扰。

金牛座专属——星星点点富贵玛瑙项链

凭借金牛座的踏实，他们总是会按部就班地实现自己的目标。勤勤恳恳又耐心超强的牛儿总是会把未来规划好。但是牛儿的顽固也是一般人接受不了的，缺乏变通的灵活会让牛儿钻在角尖里出不来。佩戴富贵玛瑙项链，开通更多灵感来源，为倔强的牛儿打开多角度思维之门。

狮子座专属——黑白玛瑙珠串

天生有领袖气质的狮子座关键时刻总能体现出他们的果敢，自信的他们敢作敢当。但是自信过了头就是自负，比较以自我为中心，就会忽略其他人的感受和好的建议。佩戴黑白玛瑙珠串，设计上体现平衡和灵动之美，会提醒狮子常常自省，同时超时尚款型可以最大限度满足狮子的虚荣心。

处女座专属——红玛瑙项链

处女座的观察力着重表现在理性方面，他们做事认真又带点孩子气的天真，这是他们最让人羡慕和喜欢的特质。不过，处女座的洁癖和挑剔也是有目共睹的，唠叨起来也是够人受的。所以，他们适合佩戴红玛瑙项链，显得活泼又俏皮，而且还是让爱情开花结果的好彩头。

天秤座专属——绿玛瑙珠链

温和的天秤座始终保持中庸之道，公平客观地看待事物。他们与生俱来的优雅和贵族的气质是无人可比的。不过，因为总在衡量，所以难免在优柔寡断、犹豫不决的时候错失很多良机。绿玛瑙是天秤座优雅的代名词，能让天秤舒展身心，开阔视野，不局限于自我的不断衡量之中，果断下决定，从而顺利地投入新环境或新计划中去。

摩羯座专属——貔貅玛瑙挂饰

意志坚强的摩羯座是出了很多伟人的星座，他们有原则，并且吃苦耐劳。但是，摩羯座的人心思缜密，喜怒不形于色，这多少总是和别人保持着距离感而略显孤独。佩戴貔貅玛瑙挂饰，有貔貅庇佑，可以让摩羯座的人大展宏图，实现目标。就颜色而言，红色的玛瑙更有助于他们增强人缘，加强沟通能力。

射手座专属——如意玛瑙坠

天生乐观幽默的射手座是行动力极强的星座，坦率热情的个性也让他们具有极好的人缘。但是射手座偶尔的粗心大意是不容忽视的，太过心直口快也容易得罪到无辜的人。佩戴如意玛瑙坠，让射手座的人有事事如意的福佑，同时帮助射手座的人常常提醒自己改掉粗心的毛病。

天蝎座专属——黑珠玛瑙饰品

不畏挫折的天蝎座乐于直面困难，而且直觉相当敏锐。他们还是最性感的星座，魅力无法阻挡。不过，天蝎座的占有欲极强，报复心重，这往往会有失有得，要看开些才好。佩戴黑玛瑙饰品有助于消除天蝎座的负面能量，给予他们确认目标、永不退缩的正面能量。

水瓶座专属——黄玛瑙

求知欲极强的水瓶座是带动科技进步的先锋力量，他们迷宫般的头脑里永远都有奇妙的新点子。不过，他们的思想变化太多，很难集中思想做一件事情，在感情方面也容易极冷极热，让人难以琢磨。佩戴黄玛瑙可以让水瓶座的人在工作与学习中凝聚思想，去除杂念，增强信心，敢于接受困难与挑战。

双子座——孔雀玛瑙

活泼乐观的双子座喜爱变化，但做事常不够专心，因为变动多，所以很难把事情坚持到底。孔雀玛瑙又称愿望石，有极大的落实力，能帮助人达成愿望，让理性又不安分的双子座能够发挥他们性格中的正面力量，让双子座找到自己发挥才能的天地和专业。此外，孔雀玛瑙还有聚财纳富，帮事业发展的效果。

白羊座——紫玛瑙

风风火火的白羊座绝对是行动的巨人，常常冲动的他们会头脑一热就开始一场革命或是恋情。紫玛瑙本身也具有超强的稳定心绪的作用，同时它也是白羊座守护石、健康助运物、人际助运物。对于冲动耿直的白羊座来说，直率是优点，但是没有经过思考就脱口而出的话或是做的决定，却往往是人际关系中最大的地雷。

南红玛瑙饰品的选购与辨伪

● 选购方法

　　南红玛瑙可以制成戒指、项链、手镯、耳环等很多种饰物，起到美化、装饰的作用。我们选购玛瑙首饰，颜色很重要，是我们首先需要注意的。要选择颜色纯正、艳丽，有光泽，有漂亮纹理的。接下来要看是否通透，表面光洁、透明、纹理清楚的都是不错的。还要看玛瑙饰品的质地是否细密，没有裂纹或者裂纹少的当然是首选。最后还要看饰品的工艺是否精细，构思是否巧妙独特。饰品制作工艺的好坏往往对其价值有重要影响。

南红手串

直径：0.8cm

重量：19.4g

市场参考价：1980 元

赤琼

血玉

南红玛瑙收藏与鉴赏

南红手串

直径：0.8cm

重量：27.3g

市场参考价：2800 元

　　如果想选一款玛瑙珠链，要看珠子整体的颜色深浅是否一致，有没有杂色，珠子的大小也要协调，还应注意珠子要莹润有光泽。然后，拎起珠链，看看串珠是否都垂在一条线上，如果珠链不是流畅地下垂，表明有的珠子上面的眼儿不正，工艺不精细。要特别注意的是，所有用石粉凝制的玛瑙都不算上乘玛瑙，如果一款玛瑙上没有带状或层状纹，那这很有可能就是仿冒品。现在的珠宝市场上鱼龙混杂，有很多仿冒品或是人工合成玛瑙，在外观上观察这些仿品，它们的颜色、纹理都很像天然玛瑙，这就需要玛瑙收藏者或是想购买玛瑙饰品的人先了解玛瑙知识，小心分辨。

南红戒面

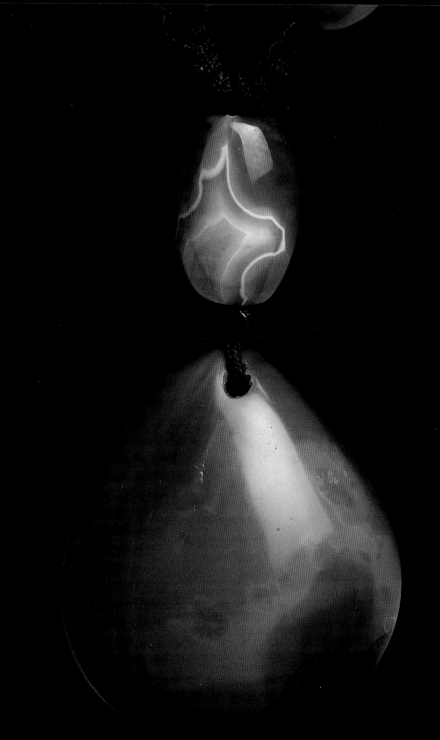

南红"水滴"吊坠

● 真假辨别技巧

（1）从质地来看：玛瑙仿制品不如真玛瑙质地硬，假玛瑙可以被玉划出划痕，而真玛瑙不会留下痕迹。

（2）从透明度来看：真玛瑙的透明度不是特别好，内部稍有混沌，有时可看见自然水线或红色小斑点，而人工合成的玛瑙透明度非常好，像玻璃一样透明，不如真玛瑙自然。

南红项链

直径：0.6cm

市场参考价：3420 元

赤琼

血玉

南红玛瑙收藏与鉴赏

（3）从重量来看：我们可以在手上掂一下它们的重量，真玛瑙更重一些。

（4）从颜色来看：真玛瑙色泽光鲜明亮，假玛瑙的颜色没那么显眼，光泽度也不如天然玛瑙好。天然红玛瑙颜色艳丽，有明显的纹理，细心观察会发现有红色的小斑点密集排列在红色条带处。如果在玛瑙制品底部有花瓣形的花纹，这大多是石质仿制品；染色玛瑙则颜色艳丽、均匀，看起来不自然。

南红吊坠

南红玛瑙饰品的清洗方法 South red agate

第一步：准备好自己要清洗的戒指、手镯或项链等。

第二步：配制清洗用的溶液——氯化钠（即食盐）10克，清水500克。搅拌均匀便可以清洗一个玛瑙手镯或一条玛瑙项链。一般来说，配制溶液的多少可以按照比例根据你的饰品大小进行添加。配制好的溶液一般放在玻璃容器中就可以了。

第三步：将玛瑙饰品放到溶液中，一般浸泡24小时便可以完全去除其携带的细菌等。如果你觉得不放心，可以用软布擦洗。

第四步：从溶液中取出玛瑙饰品，将溶液倒掉。注意：不能高温去烘干饰品，这样会伤害到玛瑙的内部结构。

（5）从温度来看：天然玛瑙的温度不随外界温度的变化而有明显变化，冬暖夏凉；而人工合成玛瑙，夏天它会变热，冬天它会变凉。

（6）从工艺质量来看：高质量的天然玛瑙的工艺也是严格把关的，外观光洁明亮，无裂纹、划痕，宝石镶嵌得牢固，而玛瑙仿制品工艺则质量不佳。

南红手串

直径：0.8cm
重量：30.09g
市场参考价：3500元

南红玛瑙的分级标准

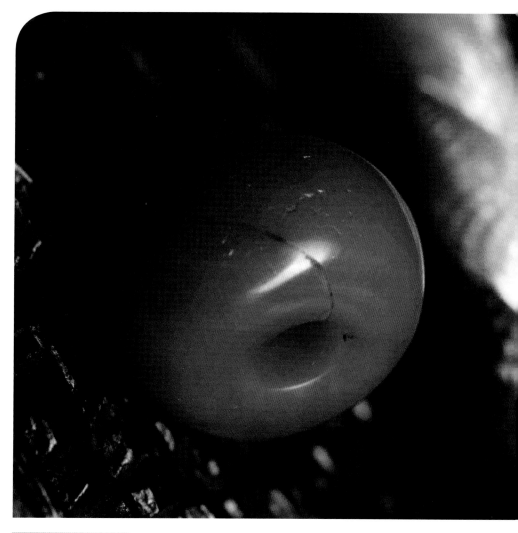

藏传老保山南红隔珠

市场参考价：7600 元

南红玛瑙的分级方法有很多，通常以裂纹、透明度、杂质、纹带、颜色、砂心和块重为分级标准。

南红手串

直径：0.8cm
重量：26.11g
市场参考价：3800 元

通常情况下，南红玛瑙质量好坏的分级如下：

1．特级

特级南红玛瑙的纹带非常美丽，颜色纯正、明快，而且透明度好，几乎都是半透明，无裂纹、无砂心、无杂质，整体的重量都在 5 千克以上。

2．一级

一级南红玛瑙的纹带非常美丽，颜色纯正、明快，半透明，透明度算是较好，无裂纹、无砂心、无杂质，整体的重量在 2~5 千克。

南红手串

直径：0.6cm

重量：33.55g

市场参考价：3800 元

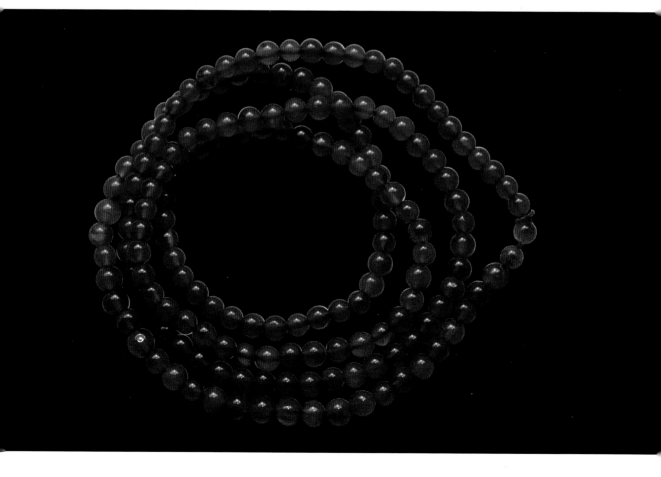

3. 二级

二级南红玛瑙的纹带较美丽，颜色纯正，呈半透明状，透明度算是较好，无裂纹、无砂心、无杂质，整体重量在 0.5~2 千克。

4. 三级

三级南红玛瑙的纹带较美丽，颜色纯正，呈半透明状，透明度算是较好，无裂纹、无砂心、无杂质，整体重量在 0.5 千克以下。

南红"腰缠万贯"雕件
规格：3cm×1cm×4.6cm
市场参考价：5600 元

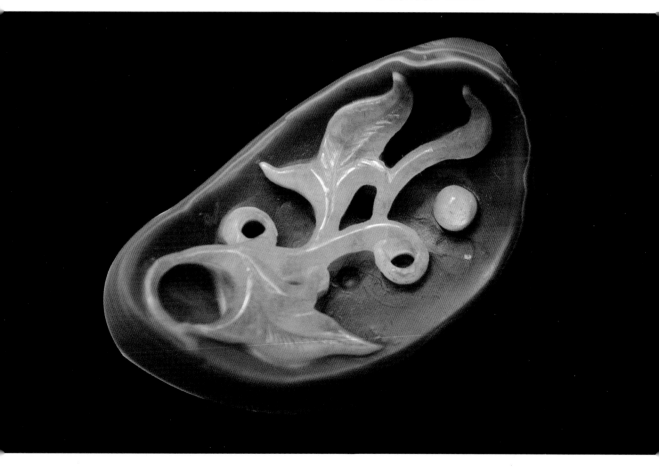

南红玛瑙的收藏价值

南红的定义及来龙去脉十分复杂，有说是云南的红玛瑙，也有说是南方的红玛瑙，但甘肃等北方省份也有南红。其时间界定从汉到清都有。

南红项链

直径：0.8cm

南红塔链

红色在中国有喜庆吉祥的寓意，因为它不单单是一种颜色，更是中国人对美好愿望的一种寄托，同时有些迷信的人觉得红色能够保佑主人不受邪恶鬼魂的侵害，所以红色在中国很受欢迎。也正出于这个原因，对于南红玛瑙，很多人认同它，觉得它是一种吉祥物，再加上南红玛瑙的产量非常低，故市场流通中的上品非常稀少。这就必然导致了南红玛瑙的价格上升。现在，南红玛瑙收藏投资较具潜力。

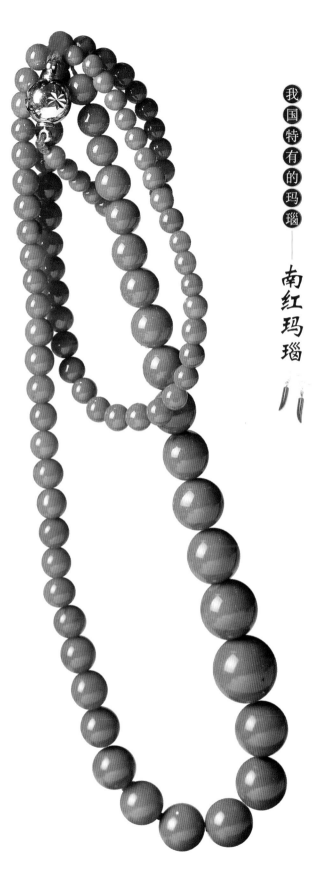

2011 年 3 月，北京国际珠宝交易中心举办国内首届南红玛瑙高规格展，以"稀世之珍　南红归来"为主题，向世人展现不断高涨的南红玛瑙收藏、投资热潮。近年来，南红玛瑙在珠宝艺术品市场和古玩市场都非常热，色相较好的上等老玛瑙更是炙手可热，有时候即使拿着钱也未必能买到如意的好玛瑙。

藏传清代老黄金铜南红挂环

市场参考价：5300 元

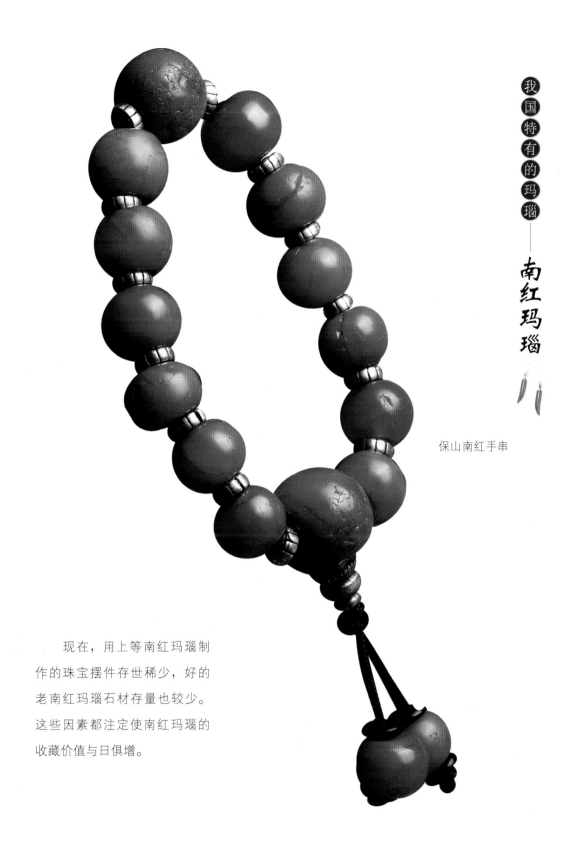

保山南红手串

现在，用上等南红玛瑙制
作的珠宝摆件存世稀少，好的
老南红玛瑙石材存量也较少。
这些因素都注定使南红玛瑙的
收藏价值与日俱增。

赤琼血玉

南红玛瑙收藏与鉴赏

保山南红手串

　　几年前，老南红玛瑙珠每颗售价可能就是三五十元，而现在每颗老南红玛瑙珠的价格大约在三四百元，而一些极品老南红玛瑙珠要上千元才能买到。专家建议，收藏南红玛瑙可以首选玫瑰红、朱砂红、柿子红等色，这些都是上乘色品。

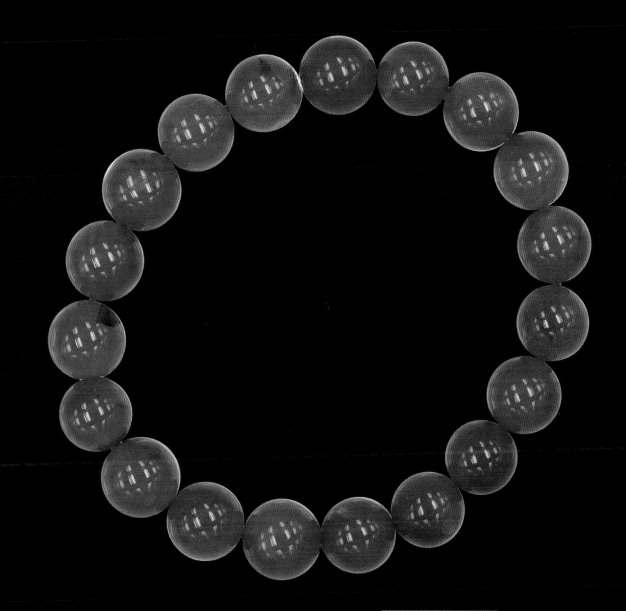

水红料南红手串

重量：35g
市场参考价：2200 元

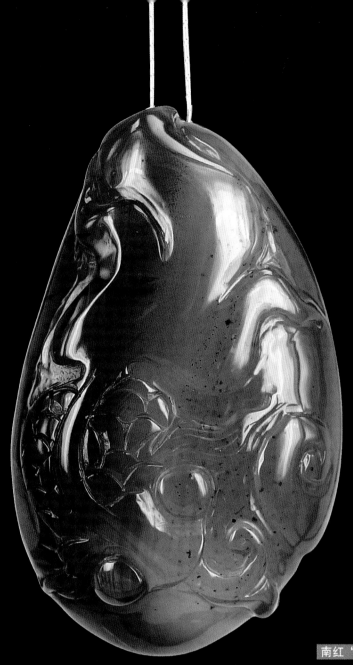

南红"鱼如意"挂件

重量：28.9g

市场参考价：2260元

南红玛瑙的鉴别

南红玛瑙形制多为珠子或类珠子。如今市场上南红价格冠绝各类玛瑙之首，也常有伪作。

南红"如意"挂件

重量：18.5g

市场参考价：1860 元

赤琼血玉

南红玛瑙收藏与鉴赏

藏传老保山南红玛瑙勒子

市场参考价：7000 元

南红"寿星"挂件

市场参考价：3860 元

1. 颜色

南红玛瑙常见的颜色为甘肃的柿子黄（橙红）、大红、粉，也有比较少见的紫红，以及这些色彩的透明或者半透明的变化色，包括接近透明的无色，都大致定义为南红的颜色范围。而其白色的纹路多少则要依情况而定，有像丝带一样的纹理，也有白红相间的。值得一提的是，南红的纹路十分锐利，所有的纹路转折有时候都会有明显的角度（一个判定的重要标准之一），给人一种干净利索的感觉，也就是说红白纹路分明。

2．质感

南红是胶质感的，就算全红的珠子也并不是完全透光的，我们可以看到南红的色彩由内到外是通透的。反之，就算无色的珠子也有种朦胧的感觉，这种质感是暂时无法作假的，除非老料新工，但是假南红基本都是纯红的。

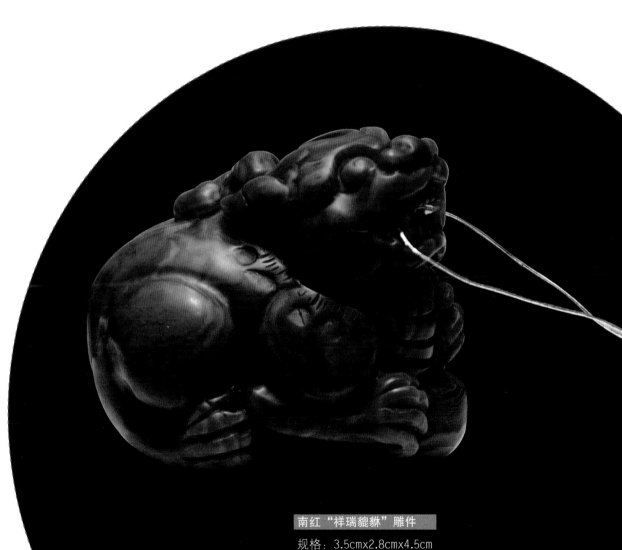

南红"祥瑞貔貅"雕件

规格：3.5cm×2.8cm×4.5cm

市场参考价：6380 元

3.风化纹

老玉髓或玛瑙珠的外表上都会有半月形的风化纹，这种纹路主要是由于长时间使用造成的，天珠和其他贵重价值的老珠已经出现新仿的敲打制成的风化纹，但是可明显看出其粗细统一、呆板，纹路深处无光泽（新月形内部，

我
国
特
有
的
玛
瑙
——

南
红
玛
瑙

藏传清代老黄金铜南红挂环

市场参考价：4500 元

老风化纹新月内部是有光泽的），但这里注意，暂时没发现大批量产的染色
南红有风化纹，大部分都是直接高温烧色时候做出的玛瑙表面的裂痕。

南红"瑞兽纳福"挂件

4. 打孔以及孔内

南红玛瑙的打孔有很独特的地方，可能为大料先双面打孔再出珠（孔不会很小），再经长时间的使用，孔内磨损得十分光滑。

5. 成品形制与包浆

南红料小，颜色均匀的体积会更小，所以凡大点的都会做摆件，小的用来做挂件或珠子等。除挂件，常见的有正圆珠、鼓形珠、桶形珠、橄榄形勒子、车轮珠、算盘珠、瓜珠、隔片、滴形珠（坠子），多为圆形珠，也有根据料块所做的各种雕件。

染色玛瑙的鉴别

玛瑙几乎不存在仿冒品，不过有人曾试图用硝酸银制作树枝状玛瑙图案，也曾出现过苔丝玛瑙的拼合石。由于大量的染色玛瑙涌入市场，所以广大的玛瑙爱好者在购买玛瑙的时候需要提高警惕。在 19 世纪 20 年代，玛瑙就被发现在伊达奥伯施泰因（玛瑙加工和抛光的中心）被染色。染色工序中需要用到一种特殊的有机颜料，因为无机颜料会在阳光下褪色，且染的颜色不深。这是一道复杂的工序，颜料的吸收是由玛瑙不同颜色层间的孔隙分布情况决定的。

许多染色玛瑙的颜色很浅，肉眼观察不太明显，因此不要只因没有明亮的蓝色或者绿色就认定这些玛瑙是天然的。尽管染色玛瑙在珠宝界很寻常，但是染色的工序也应该向消费者告知。天然颜色的玛瑙很贵，而质量差、价格低的玛瑙通常都被染色。

识别染色玛瑙的一个方法是把玛瑙放在一个塑料袋或者塑料盒子中，玛瑙在温暖的天气会变得潮湿，便会留下明显的颜料沉淀或者其他痕迹。

南红玛瑙的保养

　　玛瑙自古以来就是佛教圣物，一直被当作辟邪物、护身符使用。此外，玛瑙还是用来做饰品的贵重材料，很多女孩子都会选择玛瑙饰品，如玛瑙佛珠或手链、项链等。那么日常佩戴时该怎样保养玛瑙呢？

　　（1）要注意玛瑙不要碰撞硬物或掉落，玛瑙跟所有其他玉石一样也很脆，不能和硬物碰撞，否则就会有伤口，甚至断裂。所以，佩戴玛瑙手镯或手链应尽量戴在左手，因为左手不经常做事，减少碰撞的机会。

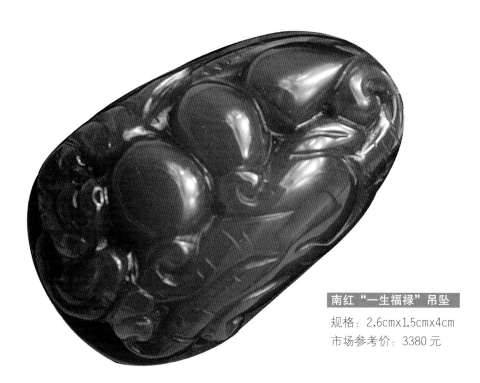

南红"一生福禄"吊坠

规格：2.6cmx1.5cmx4cm

市场参考价：3380 元

古代"如意貔貅"吊坠

规格：2.6cm×1.8cm×3.5cm

市场参考价：5380 元

（2）不使用时应收藏在有软垫或软布的饰品盒内。否则会因为碰撞或摩擦而使玛瑙饰品受到损伤。

（3）要尽量避免与化学剂液、肥皂、香水或是人体汗水接触，以防受到侵蚀，影响玛瑙的鲜艳度，使之失去光泽。

（4）要注意避开热源，如炉灶、阳光等，因为玛瑙遇热会膨胀，分子体积增大影响内质，持续接触高温，还会导致玛瑙发生爆裂。轻则有裂纹出现，重则直接断裂。

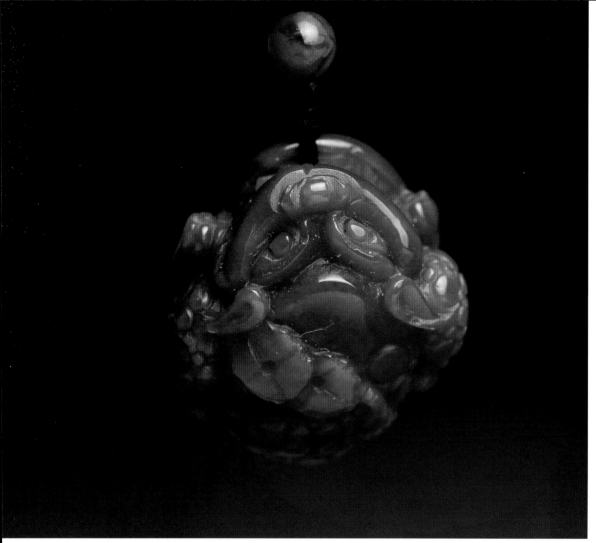

南红"麒麟送宝"把件

（5）玛瑙要保持适宜的湿度。所以，在冬天干燥的环境里，需要采用一些措施给房间增湿。例如，房间内养花，每天给花浇水或直接用增湿器增加湿度。尤其是水胆玛瑙，在形成时期里面就存有天然水，如果保存环境很干燥，就会引起里面天然水分的蒸发，从而失去其收藏的艺术和经济价值。

（6）玛瑙制品如果脏了，可用小软刷清洁或用软布擦拭。擦不掉的话，可用清水冲洗，不要用清洁剂来洗，因为清洁剂也属于化学品，有一定的腐蚀性。

南红玛瑙欣赏

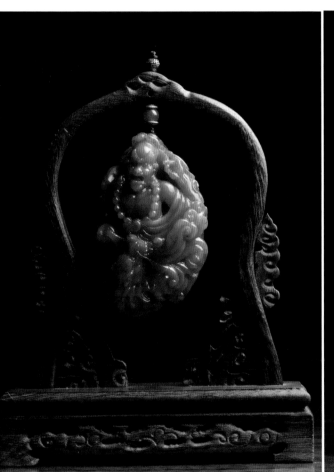

保山南红"降龙罗汉"把件

参考价格：150000 元

降龙罗汉：即庆友尊者。庆友是难提密多里的意译。传说古印度有一个恶魔叫波旬，他煽动那竭国人杀害僧人，并将所有佛经劫持到那竭国。龙王用洪水淹没那竭国，将佛经藏于龙宫。后来庆友降伏了龙王取回佛经，立了大功，所以被世人尊为"降龙罗汉"。

观音：即观世音菩萨，是佛教中慈悲和智慧的象征，能体察众生的苦痛，时以瓶中的甘露水遍洒世间，最为民间所熟知和信仰。

【正】

藏传保山南红观音像吊坠

参考价格：8000 元

【背】

保山南红"六字真言"勒子

参考价格：18000 元

六字真言：即六字大明咒，唵、嘛、呢、叭、咪、吽。是大慈大悲观世音菩萨咒，源于梵文，代表一切诸菩萨的慈悲与加持。

南红"鹅如意"吊坠

重量：21.5g
参考价格：10800 元

这是一款精雕的鹅如意吉祥挂件，整款作品是一个鹅的造型，身形婉转，灵巧可爱，生动喜人，有如意吉祥的寓意。整体布局合理，线条细腻流畅，佩戴在身可辟邪护体，又保平安如意。

南红"财神"吊坠

南红"佛手"吊坠

南红"福禄"吊坠

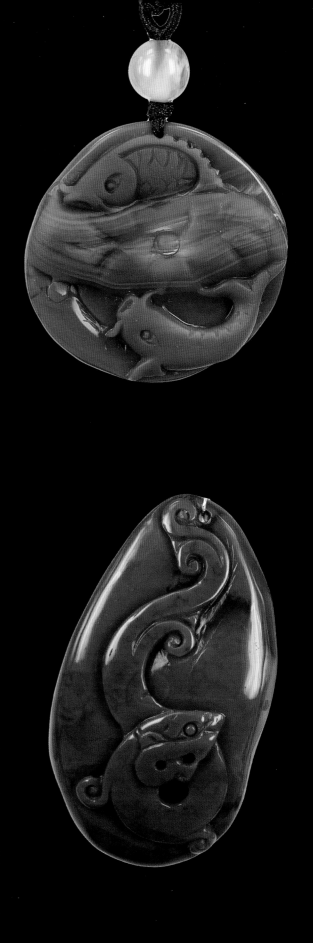

南红"吉祥有余"吊坠

重量：18g

市场参考价：5500 元

　　鱼和"余"是谐音，人们用鱼形来寓意"年年有余""吉庆有余"等；用鲤鱼和金鱼寓意着"利余""金余"，备受青睐。佩戴鱼形饰品可以寄托伉俪情深，也包含了人们对美好生活的向往，汉代有"鲤鱼跃龙门"的神话故事，所以现在人们也用鱼形饰品来寄托自己渴望生活质量飞跃、平步青云的美好愿望。

南红"古韵龙牌"吊坠

重量：24.95g

市场参考价：6000 元

　　龙是中华民族的图腾象征，是传说中的神异动物，是造福万物的神灵，是较为广泛使用的艺术创作题材。龙有鳞，有须，有角；能走，能飞，能兴云致雨；象征事业亨通，步步高升，平步青云。

南红"龙龟洪福"把件

重量：127.15g

市场参考价：23800 元

龙龟在我国有着很多种说法：一说属于吉祥四灵，是中国镇国之宝"龙、凤、龟、麟"之一；二说有吉祥帝座之寓意，又是仁寿的象征，许多人安置龙龟来化煞；三说是龙神和灵龟的化身，本是四灵兽之一"玄武"的样式，唐代逐渐脱离"玄武"之形；四说相传龙生九子各不同，其中一子头似龙，形似龟，在民间称之为龙龟。

南红"灵芝兔"吊坠

规格：3.6cm×2cm×4.5cm

市场参考价：3380 元

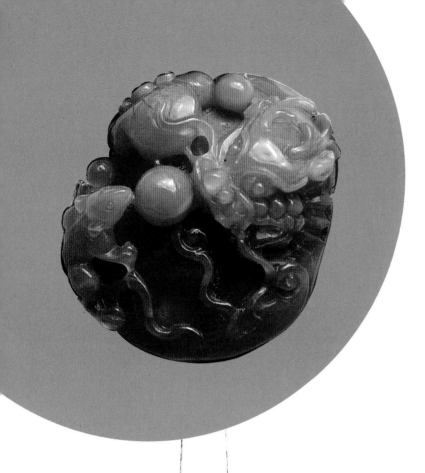

南红"龙鼠献宝"吊坠

规格：3.8cm×1.8cm×4.5cm

市场参考价：4380 元

貔貅，又名天禄、辟邪、百解，是中国古代神话传说中的一种神兽，龙头、马身、麟脚，形似狮子，毛色灰白，会飞。传说貔貅触犯天条，玉皇大帝罚它只以四面八方之财为食，吞万物而不泻，可招财聚宝，只进不出。

南红"貔貅"吊坠

规格：3.2cm×2.8cm×4cm

市场参考价：11800 元

南红"麒麟送宝"把件

麒麟是中国传统中至高无上的神兽，是中国古籍中记载的一种神物。麒麟出没之处，必有祥瑞。它与龙、凤、龟并称为"四灵"，与青龙、白虎、朱雀、玄武并称为"五极神兽"，镇压天地五方。它是吉祥神宠，狮头、鹿角、虎眼、麋身、龙鳞、牛尾，会飞，主太平、长寿、吉祥。民间一般用麒麟主太平长寿。

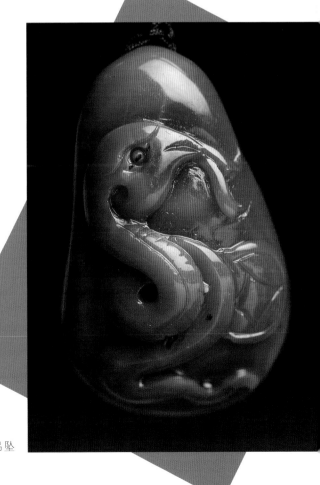

南红"生肖蛇"吊坠

南红"狮子滚绣球"吊坠

重量：26g

市场参考价：5650 元

狮子，造型宏伟，有巨大的威慑力，形态生动，有着神圣、尊严、神秘、吉祥的寓意，成为富有鲜明中国特色的动物形象而广泛流传。狮子滚绣球寓意"好事在后头"；狮子佩绶带寓意"喜事连连"等，是喜乐、欢腾、富有生命力的象征。

南红"一鸣惊人"吊坠

规格：2.6cm×2.6cm×4.2cm

市场参考价：8000 元

这款"一鸣惊人"蝉形吊坠独具魅力，精致的雕工将蝉的细节展示得淋漓精致，非常漂亮，且寓意美好，在学业上能够使人学习进步，增强自信心，能够金榜题名；在事业上能够使人事业一帆风顺，业务得到拓展，能够使公司取得骄人的业绩。

南红"雪莲观音"吊坠

规格：3cm×0.9cm×5cm

市场参考价：58000 元

凤凰是中国古代传说中的百鸟之王，与龙同为汉民族图腾。凤凰是雌雄统称，雄为凤，雌为凰，总称为凤凰，常用来象征祥瑞。其特征为鸡头、燕颔、蛇颈、龟背、鱼尾、五彩色。此款吊坠，寓意美好，质地优良，雕工精细，疏密有序，繁简适当，既展现玉石天然的美，又表现玉雕工艺的精细，用来佩戴或收藏都是一个不错的选择。

南红"有凤来仪"把件

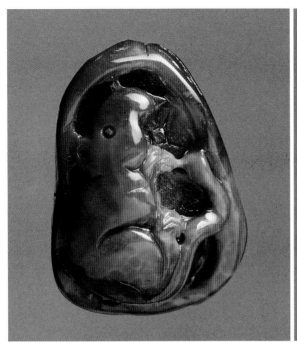

南红"玉鼠送财"吊坠

市场参考价：3580 元

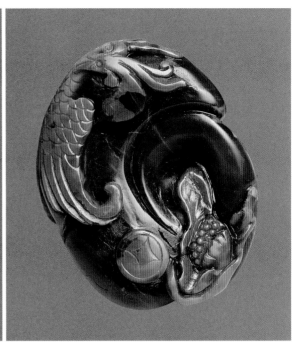

南红"血凤"吊坠

市场参考价：4500 元

南红"天龙戏珠"吊坠

市场参考价：5600 元

南红"竹梅"吊坠

市场参考价：6680 元

南红"领头羊"吊坠

市场参考价：4860~6000 元

南红 "寿星" 吊坠

市场参考价：4860~6000 元

"金鱼"谐"金玉"，在中国传统的文化中，金鱼是极其招财之物。此款吊坠，做工精致，线条流畅，栩栩如生，极其富有动态。佩戴金玉满堂吊坠，为您招财纳福，好运随之而来。

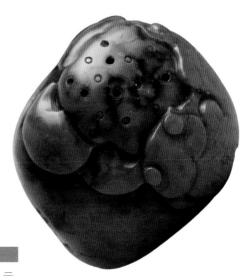

南红"金玉满堂"吊坠

市场参考价：4860~6000 元

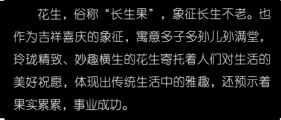

花生，俗称"长生果"，象征长生不老。也作为吉祥喜庆的象征，寓意多子多孙儿孙满堂，玲珑精致、妙趣横生的花生寄托着人们对生活的美好祝愿，体现出传统生活中的雅趣，还预示着果实累累，事业成功。

南红"如意花生"吊坠

市场参考价：3750~5500 元

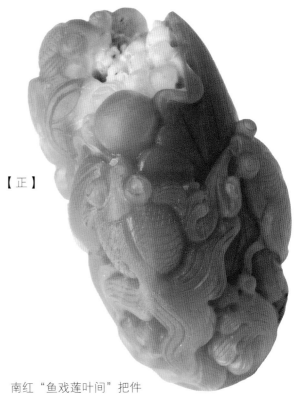

【正】

南红"鱼戏莲叶间"把件

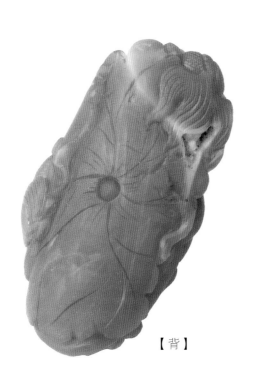

【背】

"莲"与"连"音韵相同，以祝世代绵延、家道昌盛。"鱼"与"余"谐音，寓意生活富裕美好。

【背】

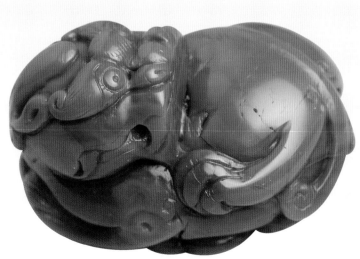

南红"如意麒麟"吊坠

市场参考价: 6480 元

【正】

南红 "麒麟登峰" 吊坠

市场参考价：3580~5800 元

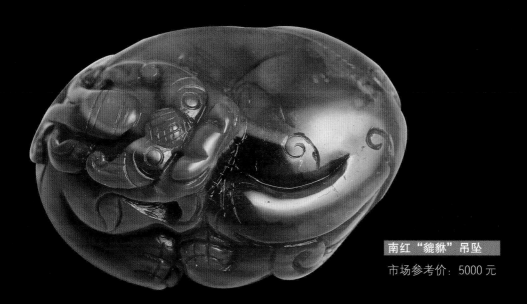

南红 "貔貅" 吊坠
市场参考价：5000 元

南红 "福鼠运财" 吊坠
市场参考价：6680~8000 元

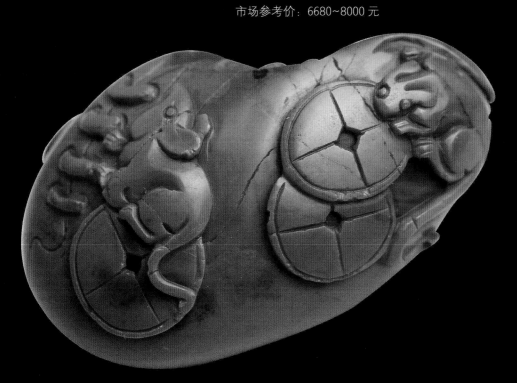

南红"和和美美"吊坠

市场参考价：5000~7000 元

南红"多子多福"吊坠

重量：27.1g

南红"生肖蛇"吊坠

市场参考价：6200 元

鼠来宝吊坠

市场参考价：4860~6000 元

南红"花开富贵"吊坠

重量：31.4g

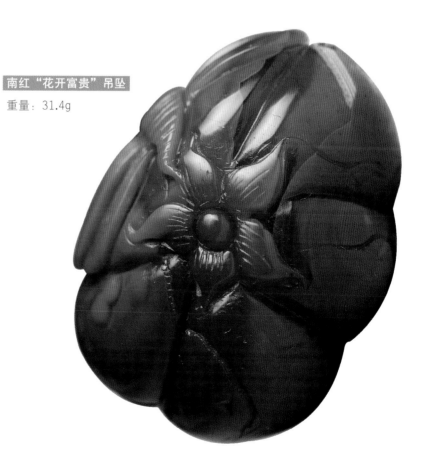

南红 "瑞兽" 吊坠

市场参考价: 3750~5000 元

南红 "飘花" 项链

市场参考价: 6800 元

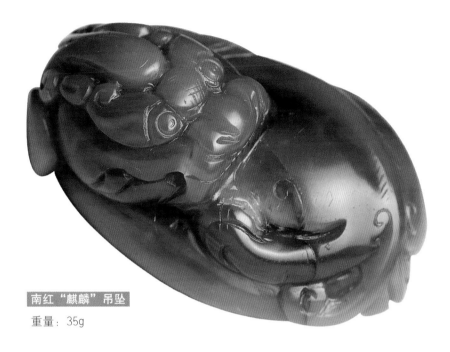

南红"麒麟"吊坠
重量：35g

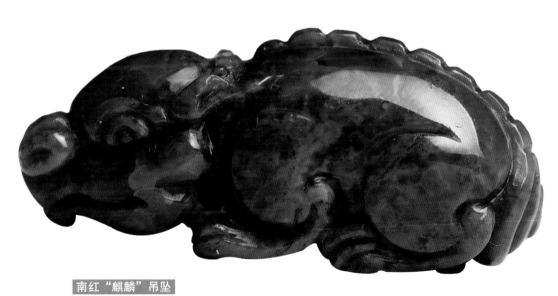

南红"麒麟"吊坠
重量：13.5g

藏传保山南红"貔貅"戒面

市场参考价：5000~7000元

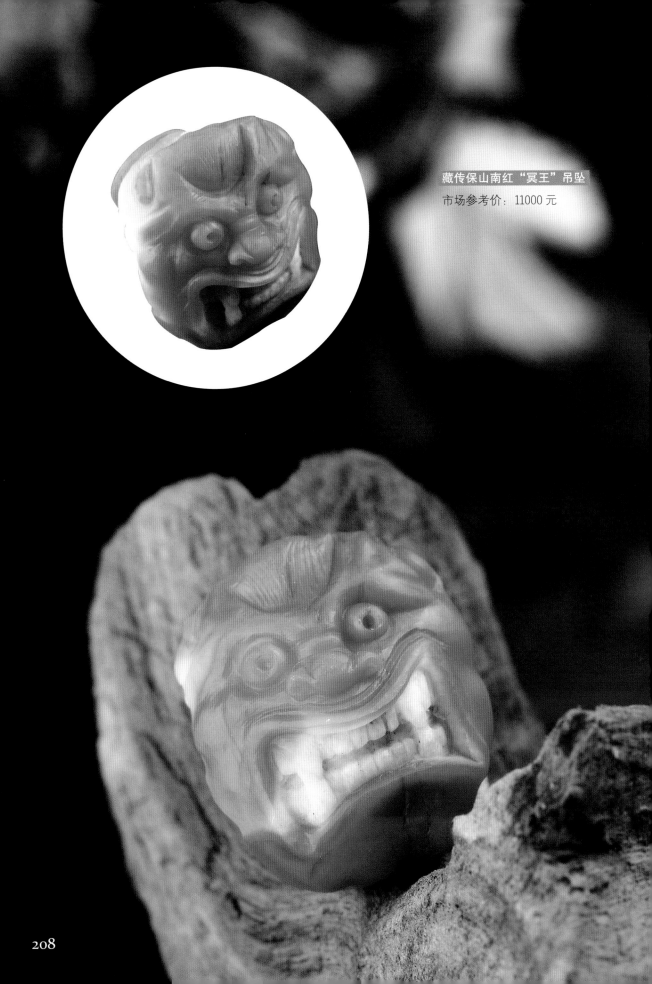

藏传保山南红"冥王"吊坠

市场参考价：11000 元

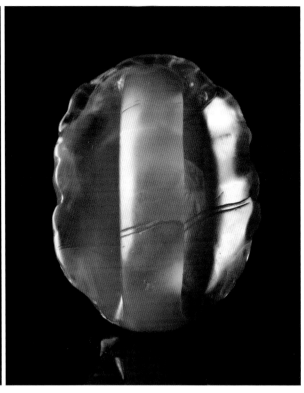

保山南红"达摩"腰挂扣

市场参考价：25000 元

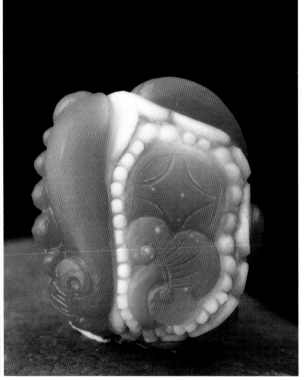

保山南红"貔貅"吊坠

市场参考价：8000 元

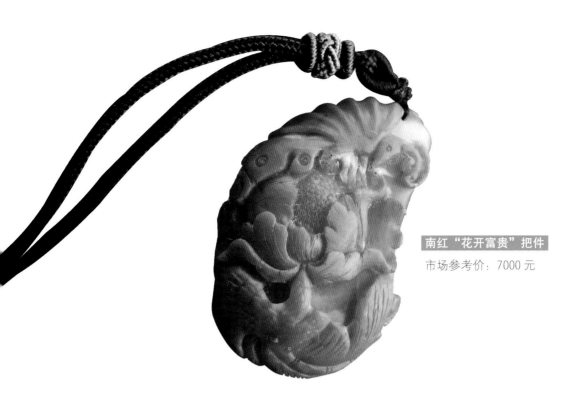

南红"花开富贵"把件

市场参考价：7000元

花开富贵是我中国传统吉祥图案之一，代表了人们对美满幸福生活、富有和高贵的向往。花开富贵图里有时会看到蝙蝠，因为蝙蝠的"蝠"和"富"谐音。这里的花一般指牡丹。

南红"连年有余"把件

市场参考价：9000元

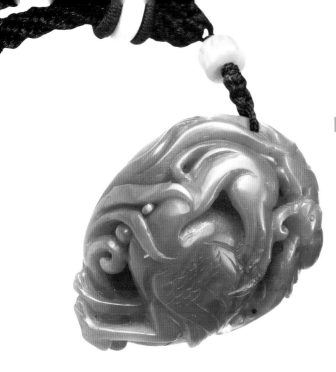

南红"松鹤延年"把件

市场参考价：15000 元

松鹤延年：松除了代表长寿之外，还作为有志、有节的象征。鹤是高洁、清雅的象征，赋予了高洁情志的内涵。故松鹤延年寓意长寿吉祥、延年益寿，也有志节高尚之意。它在民间流传相当广泛，是大家最喜闻乐见的吉祥图案之一。

南红"松鼠葡萄"把件

市场参考价：16000 元

葡萄果实成串成簇，硕果累累，寓意丰收，富贵长寿。松鼠是一种十分可爱的小动物，鼠在十二时辰为子，喻"子"之意，葡萄松鼠纹寓有"多子多福""子孙万代"的吉祥祈愿。

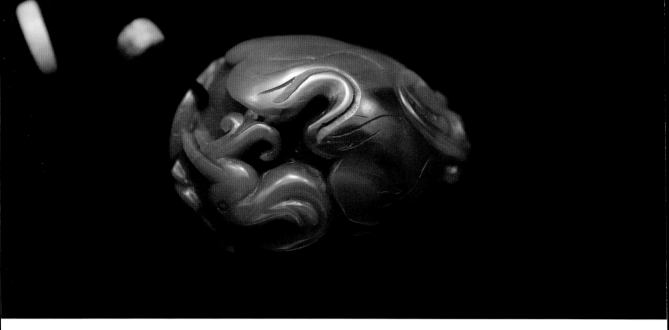

南红"如意纳福"吊坠

市场参考价：11000 元

如意寓意万事顺利、吉祥如意，也是中华民族传统的吉祥之物。在逢年过节、遇喜事之时，很多人喜欢将如意作为礼品奉上，以表示良好的祝愿。

南红"火龙"吊坠

市场参考价：22000 元

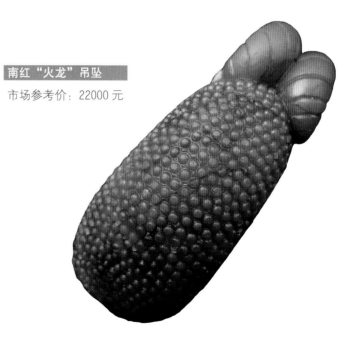

南红"达摩"吊坠

市场参考价：7000 元

达摩是南天竺僧人，南宋航海到中国，在洛阳、嵩山传教，曾在嵩山少林寺面壁九年。是中国禅宗的始祖，被后人称为达摩祖师。

南红"龙凤呈祥"把件

市场参考价：80000 元

藏传清代保山南红勒子
市场参考价：22000 元

藏传百年老南红勒子
市场参考价：30000 元

214

保山南红手串

市场参考价：11000 元

保山南红手串

市场参考价：30000 元

保山南红塔链
市场参考价：20000 元

藏传百年保山南红手串
市场参考价：120000 元

藏传百年老保山南红手串

市场参考价：130000 元

南红"步步高升"手串

市场参考价：6800 元

南红瓜珠手串

市场参考价：4000 元

南红籽料手串

市场参考价：6800 元

南红手串

市场参考价：4200 元

南红手串

市场参考价：8000 元

219

南红手串
重量：16.9g

南红手串
重量：30.3g

南红手串

重量：36g

南红手串

重量：37g

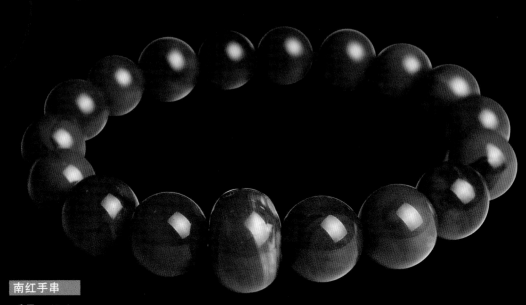

南红手串
重量：40.6g

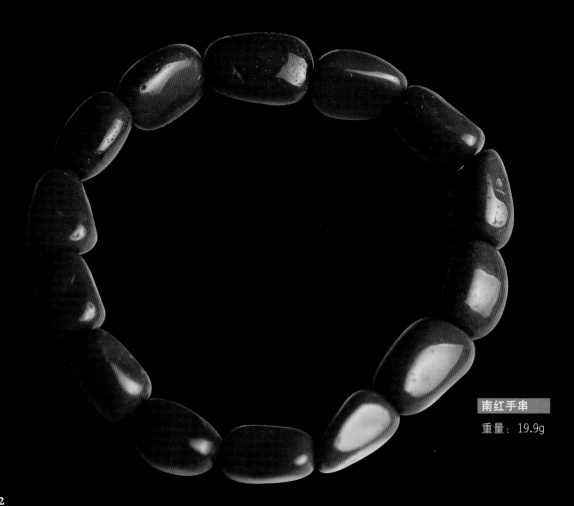

南红手串
重量：19.9g

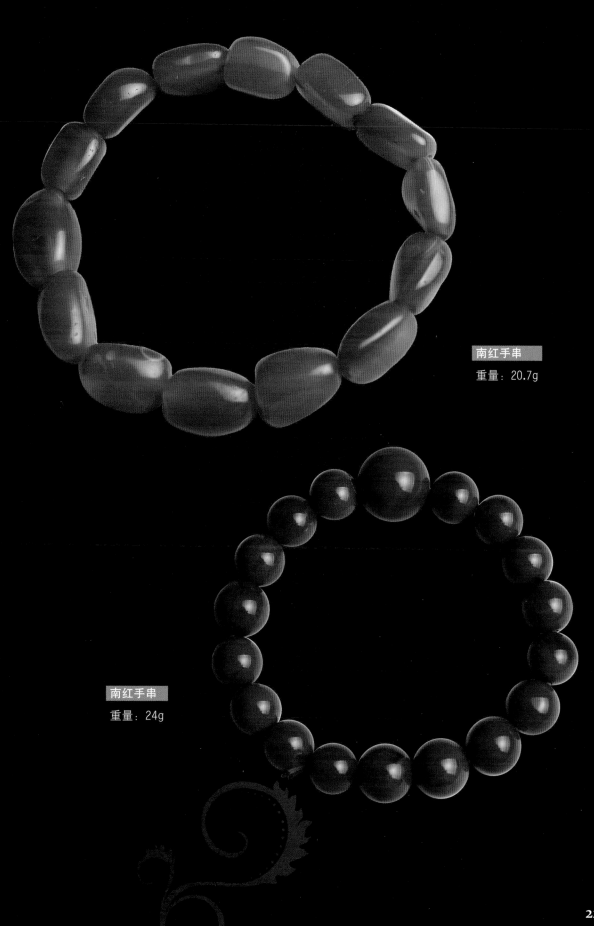

南红手串
重量：20.7g

南红手串
重量：24g

南红手串

重量：30g

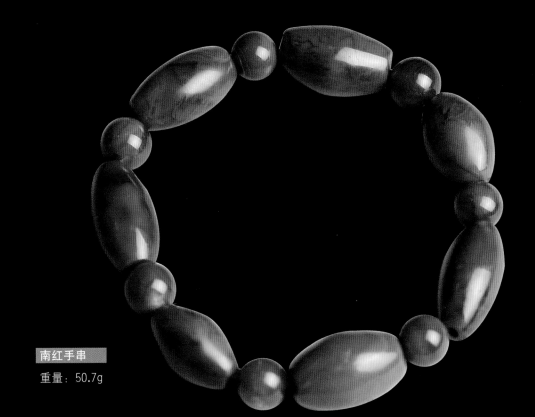

南红手串

重量：50.7g

南红手串

重量: 58g

南红手串

重量: 57.3g

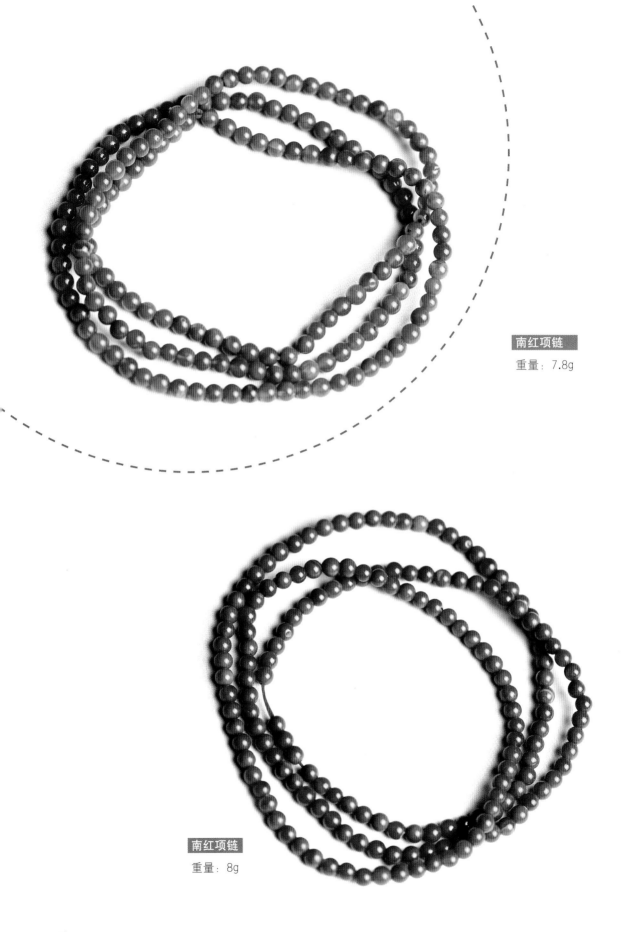

南红项链
重量：7.8g

南红项链
重量：8g

南红项链
重量：9.5g

南红项链
重量：9.6g

南红项链
重量：10.2g

南红项链
重量：10.6g

南红项链
重量：68.6g

南红项链
直径：0.4cm

南红项链
直径：0.6cm

南红项链
直径：0.4cm

南红项链
直径：0.6cm

南红项链
直径：0.8cm

南红项链
直径：0.8cm

后记

南红玛瑙，古称"赤玉"，质地细腻油润。古代时，人们常用其入药，具有养心养血的功效，是我国独有的品种，产量稀少，所以老南红玛瑙价格急剧上升。

南红玛瑙的应用历史悠久，在出土的战国贵族墓葬中已经有南红玛瑙的串饰了，如云南博物馆馆藏有古滇国时期出土的南红饰品，北京故宫博物院馆藏的清代南红玛瑙凤首杯更是精美。而且南红玛瑙常被制成佛珠，成为众多信徒的随身配饰。

典型的南红玛瑙主产地在云南，最具代表性的区域在保山市的玛瑙山。徐霞客所记载的"其色月白有红，皆不甚大，仅如拳，此其蔓也"，说的就是南红玛瑙。此外，南红玛瑙在甘肃、四川等地也有出产。

优质的南红玛瑙色彩均匀，纹路清晰，在纹路中间没有粉末状或者是一些杂色，摸上去感觉特别柔滑、自然，不透光，能够透过其看见光，但会有一层朦胧的光晕。但现今南红玛瑙市场上鱼龙混杂，无论是仿制还是造假都非常常见，有鉴于此，我们精心编撰了本书，在编撰的过程中，得到了众多藏友的支持与帮助，书中的图片汇集了保定宝兴楼、天津左客藏品等众多工作室的藏品图片，不仅全面与科学地丰富了本书，同时也增加了本书的观赏性与艺术性。在本书付梓之际，衷心地感谢秦志勇、蔡荣贺、胡斌、吕宁等好朋友，以及所有参与本书编审的工作人员，正是由于他们的鼎力相助与辛勤工作，本书才得以出现在广大读者面前。由于篇幅有限，还有很多未提到的朋友们，敬请谅解。

最后，希望本书的出版，能够让各位藏友及广大读者从中获得知识，获得享受，获得帮助。

● **总　策　划**

王丙杰　贾振明

● **责任编辑**

张杰楠

● **排版制作**

腾飞文化

● **编　委　会**（排序不分先后）

林婧琪　邹岚阳　阎伯川

白若雯　吕陌涵　夏玄月

鲁小娴　墨　梵　陆晓芸

● **责任校对**

李新纯

● **版式设计**

杨欣怡

● **图片提供**

秦志勇　蔡荣贺　胡　斌　吕　宁

保定恒祥北大街宝兴楼

保定北市区神怡轩

天津古玩市场左客藏品

zuokecangpin.taobao.com

赤琼血玉